快 速 养 猪 法

（第6版）

编 著 者

蒋永彰　张道槐　李杰生

本书荣获第九届中国图书奖、全军首届
"当代军人喜爱的军版图书"三等奖

金盾出版社

内 容 提 要

《快速养猪法》出版以来,已经重印 51 次,发行 439 万余册,深受广大读者的欢迎。编著者依据养猪科技的新发展和新经验,针对养猪生产的新问题,在新版里除增加了概述一章外,并对原版内容做了全面修订。全书内容包括:猪的品种和杂交优势利用,饲料的配制和添加剂,种猪、仔猪和生长肥育猪的饲养管理,猪病的防治。采用快速养猪法,良种与暖舍、全价饲料配套,猪增重快,饲养周期短,生产效益高。本书适合广大养猪专业户和各类养猪场员工阅读参考。

图书在版编目(CIP)数据

快速养猪法/蒋永彰,张道槐,李杰生编著.—6 版.— 北京:金盾出版社,2011.12(2018.2 重印)
ISBN 978-7-5082-7157-6

Ⅰ.①快… Ⅱ.①蒋…②张…③李… Ⅲ.① 养猪学 Ⅳ.① S828

中国版本图书馆 CIP 数据核字(2011)第 166864 号

金盾出版社出版、总发行

北京市太平路 5 号(地铁万寿路站往南)
邮政编码:100036 电话:68214039 83219215
传真:68276683 网址:www.jdcbs.cn
封面印刷:双峰印刷装订有限公司
正文印刷:北京万博诚印刷有限公司
装订:北京万博诚印刷有限公司
各地新华书店经销
开本:850×1168 1/32 印张:6.75 字数:160 千字
2018 年 2 月第 6 版第 56 次印刷
印数:4433 001~4436 000 册 定价:19.00 元
(凡购买金盾出版社的图书,如有缺页、
倒页、脱页者,本社发行部负责调换)

目　录

目 录

第一章　概　述

一、我国生猪生产概况

　　我国是养猪大国,猪的存栏数和猪肉的产量都占世界第一位。近30年来,随着社会经济的发展,我国的养猪生产已从传统的分散养猪方式逐步转变为现代化的规模养猪方式。即由广大农民的庭院副业生产,逐步向养殖小区的标准化生产和大型猪场的专业化、工厂化生产转变。

　　我国生猪生产已经逐渐摆脱了传统单一的饲养模式,适应现代畜牧业发展要求的生猪养殖模式得到了长足发展。目前,传统的农户家庭养殖方式逐年减少,其生猪饲养量占全国饲养总量的比重已由20世纪90年代的80%以上下降至40%左右;养猪专业户不断涌现,其生猪饲养量已占到全国饲养总量的50%~55%;工厂化养猪企业快速成长,其生猪饲养量占到了全国饲养总量的10%左右,相当一部分工厂化养猪场生产水平达到了养猪发达国家的水平,生猪现代化养殖发展步伐明显加快。

二、目前农村养猪生产存在的主要问题

　　近30年来,我国的养猪业虽然有了长足的发展,但整体养猪水平与世界养猪发达国家相比还有很大的差距。由于我国地域广阔,养猪发展水平参差不齐,尤其是农民家庭养猪户,需要加快普及科学养猪知识速度,通过参加养猪合作社等组织,逐步过渡到标准化规模养殖,使养猪生产真正成为农民增收的支柱产业。

目前我国农村养猪生产存在的问题主要有以下几点。

(一)猪舍简陋,环境条件差

这也是传统养猪与现代化养猪的主要差别之一。许多农户利用庭院边角修建猪舍,布局和朝向极不合理,猪舍建造也过于简陋,冬季不能保温,夏季通风不良,环境卫生差,使猪传染病发生的概率增加。养猪户最好入住养猪小区或使猪舍单独成院,尽量做到通风向阳,猪舍面积要适当。饲养母猪户还应建造母猪分娩舍和仔猪保育舍,配备护仔栏和仔猪保温箱。

(二)猪的品种混杂,生长慢,疾病多

农村养猪,多数养猪户品种意识不强,习惯于自繁、自养,对母猪的选育和公猪的及时更新重视不够,近亲繁殖和品种退化比较严重。从集贸市场上买进的仔猪,血缘不清,带病风险大。养猪要选择适宜的品种,如果家庭散养,最好选用本地猪。这种猪耐粗饲,抗病性强。可以利用青菜叶、甘薯藤等青绿饲料加上少量精饲料就可以育肥。如果规模养殖,必须用全价饲料喂瘦肉型猪。良种良料配良法,才能高产高效。

(三)饲养管理不当,养猪效益低

农村养猪,大部分农户还是停留在粗放管理阶段。给料不科学,时间上早一餐晚一餐,次数一日多一日少,给料量是饥一餐饱一餐。有的饲料单一,有啥喂啥。

1. 后备母猪膘情不好,不发情,配不上种 母猪年产仔胎数少,不足 2 胎,主要是仔猪断奶过晚所致。目前,规模化、集约化养猪场一般为 21～35 天断奶,而有的农户却是 60 天或更长时间才给仔猪断奶。由于母猪泌乳时间过长,体重减轻过大,造成母猪断奶后不能正常发情配种,影响年产仔胎数。另外,由于哺乳时间长,母猪吃得多,造成饲料浪费。

2. **仔猪饲养管理粗放** 主要表现是仔猪补料时间晚、饲料质量差、营养含量不全等。有的农户在仔猪出生 20 日龄才开始给仔猪诱食补料,严重影响仔猪生长发育。由于仔猪补料晚,在母猪吃料时,仔猪舔食母猪饲料,母猪饲料的营养远比不上仔猪料,有的仔猪吃了母猪料引起消化不良,造成腹泻等疾病。有的农户即使给仔猪补料,其质量也差,过早地加入一些农副产物和劣质粗饲料,无法满足仔猪生长发育需要,不但影响仔猪快速生长,而且易使仔猪患病或成为僵猪。

3. **小猪断奶后,环境改变过大,造成多方面的应激** 小猪断奶后,食物来源由奶变成料,由母猪的抚育变成独立生活,由产房舒适的温度环境变为一般环境,再加上重新组群后互相争斗,以及断奶后的阉割等,都对小猪产生很大的应激,影响生长发育,甚至得病死亡。

4. **对于生长肥育猪生产,有的农户喜欢养大肥猪,过晚出栏,造成饲料浪费,在经济上很不合算** 瘦肉型猪一般体重 100 千克左右出栏,最高以不超过 130 千克为宜,地方猪种的杂交猪,体重以最多不超过 90 千克或 100 千克为宜。

(四)防疫意识淡薄,造成猪病频发

农户养猪防疫意识淡薄主要表现在:①一般猪舍不设消毒设施,有的从养猪那天起,猪舍就未消过毒,仔猪出生后没几天就腹泻,导致死亡率高;②不重视猪病疫苗的防疫接种,有许多养猪农户对疾病认识不足,不知道注射什么疫苗,且没有渠道购买疫苗,成年猪和小猪都不接种疫苗,使猪病频发;有的养猪户虽然给猪注射疫苗,但对疫苗的来源、保存、运输控制不严,或不按免疫程序为猪接种,致使达不到预期防疫效果;③对外购猪疫情控制不严,有的养猪户急于从外面购猪补栏,新购进猪也不隔离观察,引起猪群

发病;④不能做到封闭式饲养,养猪户之间互相串门,容易造成交叉感染。

(五)生猪市场调控不力,小生产与大市场矛盾突出

我国生猪市场价格,每3~4年有一次周期性的波动。农民养猪,盲目性很大,受条件制约,多数没有预测市场的本事,农民靠养猪增收,非常困难。

三、农村养猪的发展思路

当前,我国养殖业正经历三大历史性转变。即由从属副业向专业化养殖转变,由小农生产向商品化生产转变,由传统农户散养向规模化、集约化、工厂化饲养转变。随着历史性转变的不断深入,须对养猪业发展的方向和方式进行思考与实践。

(一)转变养猪观念

现今的养猪生产已不是过去的小农经济生产,而是在市场经济发展中的一种商品生产。过去那种设施简陋、有啥喂啥的养猪方法,已不适应农业、农村和农民实现现代化发展目标的要求,也绝对不会使农民富起来。所以农村养猪要以市场经济的发展为导向,适应市场的需求,以规模化带动标准化,以标准化提升规模化,努力实现"生产水平明显提高、养殖效益稳定增加、畜产品质量安全可靠、资源开发利用适度、生态环境友好和谐"的综合目标。

(二)大力推行标准化生产

畜禽标准化生产,就是在场址布局、栏舍建设、生产设施配备、良种选择、投入品使用、卫生防疫、粪污处理等方面,严格执行法律法规和相关标准的规定,并按程序组织生产的过程。规模猪场要

达到"六化",即:种猪良种化,养殖设施化,生产规范化,防疫制度化,粪污处理无害化和监管常态化。要选用高产、优质、高效的良种猪种,品种来源清楚、检疫合格,圈舍、饲养与环境控制设备等生产设施设备,能满足标准化生产的需要;严格遵守饲料、饲料添加剂和兽药使用有关规定,实现生产规范化;完善防疫设施,健全防疫制度,有效防止动物重大疫病发生,实现防疫制度化;畜禽粪污处理方法得当,设施齐全且运转正常,达到相关排放标准,实现粪污处理无害化或资源化利用;积极配合当地畜牧主管部门对饲料、饲料添加剂和兽药等投入品使用、畜禽养殖档案建立和畜禽标志使用实施有效监管,从源头上保障畜产品质量安全,实现监管常态化。

养猪户应积极参加当地的养猪联合体、养猪协会、养猪合作社、签约合同养猪或"公司十农户养猪组织"。实践证明,农村分散的养猪户是很难实行标准化生产,也很难与市场经济接轨的,只有走公司(企业)和养猪户联合的道路,才能良种与良法配套,经受住市场风险,取得好的养猪经济效益。

(三)转变猪病防治观念,严格执行卫生防疫制度

目前,农村养猪多重视猪病的防治,而不重视猪场的消毒和防疫。对猪传染病发生的 3 个主要环节,即发生猪病的传染源、传播途径和易感体不能综合考虑,只重视易感体,忽略猪发病必有的传染源和传染途径。不要等猪发了病再去治疗,而应该考虑怎么让猪不得病。因此,要改变养猪观念,树立养重于防、防重于治的观念。杜绝传染源,切断传染途径,饲养好被称为易感动物的猪。为了预防猪传染病的暴发,应采取以下措施。

第一,做好猪场和猪的消毒工作,定期对猪场进行消毒,严格实行空舍和带猪消毒制度。加强出入猪场人员和车辆的消毒管理。将疫病的防治工作前移,防疫费用前移,也就是说将更多的资金购买消毒药和防疫疫苗,而不是购买治病的药物。

第二,实行全进全出的饲养制度,防止猪病的交叉感染,便于猪舍的空舍消毒。

第三,结合当地猪传染病发生情况和猪场的实际情况,在当地兽医或良种猪场的指导下,建立自己猪场的防疫制度和免疫程序。

第四,加强环境卫生管理,及时处理猪场的粪尿,防止猪场污染。同时,在猪场的内外种植树木、花草,美化、绿化猪场的环境。

(四)做好养猪场粪污的无害化处理

养猪场(户)要正确处理好发展和环境保护的关系。要结合本地情况,对猪场实施干清粪、雨污分流改造和采用发酵床进行生态养殖,从源头上减少污水、污物和污浊空气的产生量。推广种养结合的生态模式,实现粪污资源化利用。

第二章　猪的品种和杂种优势利用

据北京农学院刘凤华教授主编的《家畜环境卫生学》中介绍，家畜生产力 20％～25％取决于品种,45％～50％取决于饲料,20％～30％取决于环境。因此,选择优良猪种是养好猪的重要条件。优良品种猪一般都具有生长快,饲料报酬高,饲养成本低,经济效益大等优势。在同样的饲养管理条件下,因猪种不同而产生的经济效益差异甚大。

我国猪种资源丰富。原有的地方猪种多数属于脂肪型品种,从国外引入的猪种多数属于瘦肉型品种,通过杂交培育成的猪种多数属于肉脂型品种。

一、猪的生物学特性

(一)多胎高产,世代间隔短

猪一般 4～5 月龄达到性成熟,引进品种猪 8～10 月龄、地方品种猪 6～8 月龄就可以初次配种。妊娠期短,为 111～117 天,平均为 114 天。世代间隔短,一般在 12 月龄就有新的一代了。经产母猪 1 年可产 2 胎,平均每胎产仔 10 头左右。

(二)生长发育快

猪和马、牛、羊相比,其胚胎生长和生后生长期最短,生长强度最大。猪初生重小,仅占成年猪体重的 0.5％～1％,但出生后发育迅速,尤其是生后的头两个月生长发育特别快。1 月龄体重为初生重的 5～6 倍,2 月龄体重为 1 月龄体重的 2～3 倍。所以,在仔猪生后头两个月需要加倍照料和提供足够的易消化吸收的营养物,否则将严重影响生产的效益。瘦肉型猪长到 6 月龄时屠宰体重可达 90～100 千克。

(三)大猪怕热,小猪怕冷

猪是恒温动物,在正常情况下,猪体可以通过自身的调节来维持正常的体温。猪还有一个特点,猪的汗腺退化,皮下脂肪厚,在天热的时候,不能靠出汗来散发体温,脂肪层也阻止了体内热量的迅速散发。因此,大猪怕热。

初生仔猪的皮下脂肪少,皮薄毛稀,故保温性能差,散热快。又因为小猪大脑皮质发育不全,神经传导功能也较差。因此,调节体温适应环境的能力弱,小猪怕冷。一般小猪的适宜环境温度为22℃～35℃,大猪的适宜环境温度为10℃～20℃。

(四)嗅觉灵敏,听觉完善,视觉不发达

猪的嗅觉非常灵敏,对气味的辨别能力极强。在 2 米深以内的地下矿物质,猪可以找到。猪本来是爱睡少动的动物,平时常看到猪拱地、啃墙的动作,这是因为泥土中和墙壁上含有猪所需要的物质。猪靠嗅觉识别同群的个体。在生产中,诱导发情,公猪采精,仔猪固定乳头和猪合圈,猪的嗅觉都起着重要的作用。猪的听觉也比较发达,可以通过呼名和口令训练,结合饲养管理,来利用猪的听觉能力。猪的视力很差,视野范围小,不靠近物体就看不见东西,对光线强弱、物体形态和颜色分辨力较差。

(五)爱好清洁,三点定位

三点定位即吃食在一处,睡觉在一处,排粪便在一处。三点定位一旦固定,基本不变。猪并非像人们认为的那样喜欢在污水、粪尿中生活,而是喜欢在清洁干燥的地方生活和卧睡。因此,当猪初

进栏时,要耐心细致地调教驯养,设法使猪把粪便排在一个地方。可事先在圈内(或运动场)一角放点水,其他地方保持干燥。猪进栏后,排粪便时就会寻找潮湿的地方,养成定点排粪便的习惯。若有未到指定地点排粪的,就要注意察看是哪一头猪,并把猪粪便铲放到指定的粪区,下一次此猪排粪时,就把它驱赶到预定的地方去。只要引导两三天就习惯了。猪的食槽应固定一处,不要乱放多喂,避免浪费和污染饲料。

(六)群体生活,位次明显

猪群体位次明显,即一个猪群中有强、中、弱之分,强者在采食、睡觉等活动中都占先,弱者只能排在后面。因此,在组群时,一定要按不同品种、强弱分群饲养。

二、主要瘦肉型猪种

瘦肉型猪的特点是胴体的瘦肉率高(57%以上)。用瘦肉型猪种做父本或母本进行经济杂交,都能提高商品猪瘦肉产量。

(一)大约克夏猪(大白猪)

1. **产地和特点**　大约克夏猪(图1-1)原产地在英国,引入我国后,经多年培育驯化,已经有了较好的适应性。其主要特点是生长快,生后6月龄体重可达100千克左右;饲料报酬较高,增重速度快。在我国每千克配合饲料含消化能13.39兆焦、粗蛋白质16%的条件下,让其自由采食,从断奶至90千克阶段,日增重为700克左右,每千克增重消耗配合饲料3千克左右。性成熟较晚,产仔较多,母猪每胎产仔9～11头。体格大,体型匀称,全身被毛白色,成年公猪体重250～300千克,成年母猪体重230～250千克。屠宰率71%～73%,胴体瘦肉率60%～65%。

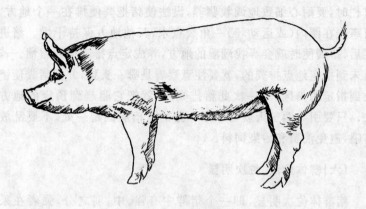

图 1-1　大约克夏猪(母)

我国已经引入了英系(英国)、法系(法国)、加系(加拿大)和美系(美国)等大约克夏猪。美系大约克夏猪于 1997 年引入我国,其特点是生长速度快,抗病能力强,饲料范围广,繁殖性能稳定,瘦肉率高,适合全国各地饲养。

2. **杂交利用**　用大约克夏猪作父本与太湖猪进行两品种杂交,一代杂种猪胴体瘦肉率约 45％;与长×北(长白公猪配北京黑猪)杂种母猪进行三品种杂交,一代杂种猪胴体瘦肉率约 58％,与长×约×金(长白猪×大约克夏猪×金华猪)杂种母猪进行四品种杂交,一代杂种猪胴体瘦肉率达 57％以上。

大约克夏猪与我国本地猪杂交,一般用作父本,与瘦肉型猪杂交,一般用作母本。

(二)长白猪(兰德瑞斯猪)

1. **产地和特点**　长白猪(图 1-2)原产于丹麦,它是用英国的大约克夏猪与丹麦当地土种白猪杂交改良而成的。按引入先后,长白猪可分为英瑞系、丹麦系、加拿大系和美国系。我国台湾省育成的品系称台湾长白猪。美系长白猪于 1997 年引入我国。我国

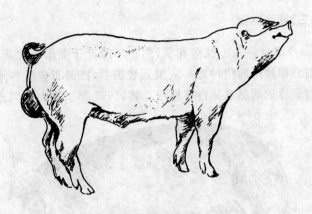

图 1-2   长白猪(公)

台湾省育成的台湾长白猪,1997 年引进大陆饲养。美系长白猪和台湾长白猪的特点是体质健壮,生长速度快,抗病能力强,饲料范围广,繁殖性能稳定,瘦肉率高,经济效益高。长白猪的主要特点是全身被毛白色,头小清秀,颜面平直。耳大并向前平伸,略下耷。体躯长,前窄后宽呈流线形。对饲料营养水平要求较高,在良好饲养条件下,生长发育较快,6 月龄体重可达 90 千克以上,日增重500～800 克,每千克增重消耗配合饲料 3～3.5 千克。成年公猪体重350～400 千克,成年母猪体重220～300 千克。屠宰率69%～75%,胴体瘦肉率 53%～63%。性成熟较晚,母猪每胎产仔 9～11头。

2. **杂交利用**   用长白猪作父本进行两品种或三品种杂交,一代杂种猪在良好的饲养条件下,可得到较高的生长速度、较好的饲料报酬和较多的瘦肉。长白猪与嘉兴黑猪或民猪杂交,一代杂种猪肥育期日增重可达 600 克以上,胴体瘦肉率47%～50%;长白猪与北京黑猪杂交,一代杂种猪日增重可达 600 克以上,胴体瘦肉率50%～55%;长白猪与金华猪杂交,一代杂种猪日增重 530～550克,胴体瘦肉率 50%～52%。

(三)杜洛克猪

1. **产地和特点**　杜洛克猪(图 1-3)原产于美国东北部,是美国目前分布最广的猪种之一。引入我国后,已遍布全国各地。我国台湾省育成的品系称台湾杜洛克猪,1997 年引进大陆饲养。杜

图 1-3　杜洛克猪(公)

洛克猪体质健壮,抗逆性强,饲养条件比其他瘦肉型猪要求低。生长速度快,饲料利用率高,在良好的饲养管理条件下,180 日龄体重可达 90 千克。在每千克日粮含消化能 12.6 兆焦、粗蛋白质 15.7%的条件下,在体重 25～100 千克阶段,平均日增重 650 克,每千克增重消耗配合饲料 2.99 千克。该猪被毛棕红色,耳中等大小,略向前倾,性情温驯。成年公猪体重 340～450 千克,成年母猪体重 300～390 千克。屠宰率约 75%,胴体瘦肉率约 61%。性成熟较晚,母猪每胎平均产仔 10.9 头。

2. **杂交利用**　在杂交利用中该猪一般作为父本,与地方猪种进行两品种杂交,一代杂种猪日增重可达 500～600 克,胴体瘦肉率 50%左右;与培育猪进行两品种或三品种杂交,其杂种猪日增重可达 600 克以上,胴体瘦肉率 56%～62%。

(四)汉普夏猪

1. **产地和特点**　汉普夏猪(图1-4)原产于美国,是美国分布最广的瘦肉型品种之一。20世纪70年代引入我国。其主要特点是生长发育较快,抗逆性较强,饲料利用率较高,在良好的饲养条件下,180日龄体重可达90千克,日增重600～700克,每千克增

图1-4　汉普夏猪(公)

重消耗配合饲料3千克左右。该猪全身被毛黑色,只是在颈肩接合部有一白色带(包括肩和前肢,故称银带猪)。头中等大,嘴较长而直,耳直立;体躯较长,体上线呈弓形,体下线水平,全身呈半月形,体质强健,体型紧凑,性情温驯。成年公猪体重315～410千克,成年母猪体重250～340千克。胴体瘦肉率60％以上。性成熟较晚,每胎平均产仔8.78头。

2. **杂交利用**　因汉普夏猪具有生长快、饲料报酬高、肉质好等优点,在杂交利用中一般作为父本。汉普夏公猪与本地母猪杂交的两品种杂交商品猪,适应性良好,生活力强,对疾病的抵抗力较强,胴体瘦肉率也较高。汉普夏公猪与长×本(长白公猪配本

地母猪)杂种母猪杂交,其三品种杂种猪体重 20～90 千克阶段的饲养期只需 110～116 天,日增重 600 克以上,每千克增重消耗配合饲料 3.5～3.7 千克,胴体瘦肉率 50%以上。

(五)皮特兰猪

1. 产地和特点　皮特兰猪(图 1-5)原产于比利时,由法国的贝叶杂种猪与英国的巴克夏猪进行回交,再与英国大约克夏猪杂交育成。其特点是瘦肉率高,肌肉丰满,尤其是双肩和后躯。在良

图 1-5　皮特兰猪(母)

好的饲养条件下,生长迅速,6 月龄体重可达 90～100 千克,生长肥育期日增重可达 750 克,耗料与增重比为 2.5～2.8：1。屠宰率约 76%,瘦肉率可高达 70%。该猪被毛灰白色带不规则的深黑色斑,头部颜面平直,嘴大而直,体躯呈圆柱形,背直而宽大。公猪性欲强,母猪 190 日龄左右初情,发情周期 18～21 天,每胎产仔 10 头左右。

2. 杂交利用　由于产肉性能高,多作父本进行二元、三元杂交。用皮特兰公猪配上海白猪,其二元杂种猪生长肥育期日增重

可达 650 克。体重 90 千克屠宰,瘦肉率达 65%。用皮特兰公猪配长×上(长白猪配上海白猪)杂交母猪,其三元杂种猪生长肥育期日增重在 730 克左右,胴体瘦肉率 65%左右。目前,上海市农业科学院畜牧研究所的皮特兰猪原种群规模较大。

三、主要肉脂型猪种

　　肉脂型猪的外形特点是介于瘦肉型和脂肪型之间,胴体瘦肉和肥肉的比例是瘦肉稍多于脂肪,瘦肉占 50%~55%。
　　我国培育的猪种,大多数属于肉脂型猪种。目前有供种单位,利用较好的肉脂型猪种有苏太猪、北京黑猪和哈白猪。

(一)苏 太 猪

　　苏太猪(图 1-6)肉色鲜红、细嫩多汁,肌肉内含脂肪 3%,品味鲜美,适合中国人的烹调习惯和口味。

a　　　　　　　　　b

图 1-6　苏太猪

a. 公　b. 母

1. 产地和特点　产于江苏省苏州市。苏太猪是以太湖猪为母本,杜洛克猪为父本进行杂交,经 12 年 8 个世代培育成的一个瘦肉型专门化母本品系,后经扩群选育发展成一新品种。1999 年

3月经审定正式定名为苏太猪。其主要特点:成年公猪体重140～210千克,成年母猪体重130～200千克。全身被毛黑色而偏浅,耳中等大而垂向前,头面有清晰皱纹,嘴中等长而直,四肢结实,背腰平直,腹小,后躯丰满,身体各部发育正常,具有明显的瘦肉型特征。改变了太湖猪额面皱纹多、皮肤厚、背凹、腹大、臀尖等不足。苏太猪作为含有50%本地猪血统培育成的新品种,繁殖力高,初产母猪平均产仔11.6头,经产母猪平均每胎产仔14.5头,保持了太湖猪高繁殖性能的优点,是当今国内外产仔数量最多的肉脂型猪品种。该猪食谱广,耐粗饲性能好,可充分利用糠麸、糟渣、藤蔓等农副产品。母猪日粮中粗纤维饲料可高达20%左右,是一个节粮型的猪种。生长速度较快,肥育猪达90千克体重日龄平均为178.9天,平均日增重623.1克,料重比3.18:1,活体背膘厚1.96厘米,屠宰率和胴体瘦肉率分别为72.85%和56%,眼肌面积29.03平方厘米。

2.杂交利用　以苏太猪为母本,与大约克夏猪或长白公猪杂交生产的杂种猪,胴体瘦肉率60%以上,164日龄体重达到90千克,25～90千克阶段日增重720克,料重比2.98:1。目前,苏太猪已推广到全国29个省、直辖市、自治区,深受生产者和消费者的欢迎。

3.供种单位　江苏省苏州市太湖猪育种中心。电话:0512—65250513。

(二)北京黑猪

1.产地和特点　培育于北京市双桥农场和北郊农场,用巴克夏猪、约克夏猪、苏白猪、定县黑猪和本地黑猪等进行复杂杂交培育而成。其主要特点是生长速度较快,在每千克配合饲料含消化能12.6～13.39兆焦、粗蛋白质14%～17%的条件下饲养,生长肥育猪体重20～90千克阶段,日增重达600克以上,每千克增重消耗配合饲料 3.5～3.7 千克。全身被毛黑色,头大小适中,两耳向前上方直立或平伸。体型较大,体质结实。成年公猪体重 250 千克左右,成年母猪体重 220 千克左右。胴体瘦肉率 49%～54%。繁殖性能好,初产母猪产仔 9～10 头,经产母猪平均每胎产仔 11.5 头。

2. 杂交利用　北京黑猪既能适应规模猪场饲养,又能适应农户小规模饲养。用长白猪作父本与北京黑猪杂交,一代杂种猪体重 20～90 千克阶段,日增重 650～700 克,每千克增重消耗配合饲料 3.2～3.6 千克。胴体瘦肉率 54%～56%。

用杜洛克猪或大约克夏猪作父本,长×北(长白猪配北京黑猪)杂种母猪作母本,杂种猪体重 20～90 千克阶段,日增重 600～700 克,每千克增重消耗配合饲料 3.2～3.5 千克。胴体瘦肉率 58%以上。

3. 供种单位　北京世新华盛牧业科技有限公司。地址:北京市昌平区北七家镇 63 号;联系电话:010-81704438。

(三)哈 白 猪

1. 产地和特点　哈白猪(图 1-7)培育于黑龙江省南部和中部地区,是由约克夏猪、杂种猪与当地民猪杂交而形成的杂种猪群,以后又引入苏白猪与其级进杂交两代,经过选择,并进行自群繁育培育而成。其主要特点是抗寒能力强,耐粗饲,肥育期生长快,耗料少。在每千克配合饲料含消化能 12.6 兆焦、粗蛋白质 16%营养水平条件下饲养,肥育猪体重 15～120 千克阶段,平均日增重 587 克,每千克增重消耗配合饲料 3.7 千克和青饲料 0.6 千克。全身被毛白色,头中等大小,两耳直立,颜面微凹。体型较大,体质结实。成年公猪体重 200～250 千克,成年母猪体重 180～200 千克。胴体瘦肉率 45%以上。繁殖力高,仔猪初生重大,生长发育快,经产母猪每胎平均产仔 11.3 头。

图 1-7　哈白猪

a. 公　b. 母

2. 杂交利用　哈白猪与民猪、三江白猪和东北花猪进行正、反杂交，杂种猪在日增重和饲料报酬方面均呈现出较强的杂种优势。用长白猪作父本与哈白猪杂交，杂种猪日增重平均 623 克，每千克增重消耗配合饲料 3.6 千克。胴体瘦肉率 50％以上。

3. 供种单位　哈尔滨农垦哈白猪原种场。公司地址：哈尔滨市香福路农科街 14 号，联系电话：0451-5339307。

四、主要脂肪型猪种

我国大多数地方品种猪属于脂肪型。这种类型猪能生产较多的脂肪，胴体瘦肉率低，平均 35％～44％。外形特点是下颌多肉，皮下脂肪厚，体躯宽深而稍短，四肢短，大腿和臀部发育较轻，成熟较早，繁殖力高。

（一）民　猪

1. 产地和特点　民猪（图 1-8）原产于东北和华北部分地区。其主要特点是适应性强，抗寒能力强，耐粗饲，在体重 18～90 千克肥育期，日增重 458 克左右，每千克增重耗消化能 51.5 兆焦。体

重 60 千克和 90 千克屠宰率分别为 69％和 72％左右,胴体瘦肉率

图 1-8 民 猪
a. 公　b. 母

分别为 52％和 45％左右。而到体重 90 千克以后,脂肪沉积增加,瘦肉率下降。全身被毛黑色,头中等大,面直长,耳大下垂。体躯扁平,四肢粗壮。分为大、中、小 3 个类型。至 20 世纪中期,大型和小型民猪几乎绝迹,现存的主要是中型民猪。性成熟早,初产母猪平均产仔 11 头,经产母猪每胎产仔 13 头左右,平均利用年龄4.3 周岁。

2. *杂交利用*　用大约克夏公猪与长×民(长白猪与民猪杂交)杂种母猪杂交,苏白公猪配长×民杂种母猪,其杂种猪肥育期日增重分别为 634 克和 660 克,每千克增重耗消化能分别为 48.5兆焦和 44.4 兆焦。

(二)内 江 猪

1. *产地和特点*　内江猪(图 1-9)产于四川省内江地区。国内许多省、自治区、直辖市都引入内江猪进行杂交。其主要特点是耐粗饲性强,对逆境有良好的适应性,生长发育较快。在农村较低营养水平的饲养条件下,体重 10～80 千克阶段,饲养期 309 天,日增重 226 克,屠宰率约 68％,瘦肉率约 47％。中等营养水平限量饲养,体重 13～91 千克阶段,饲养期 193 天,日增重约 404 克,每千

图1-9 内江猪

a. 公 b. 母

克增重消耗配合饲料、青饲料和粗饲料分别为3.51千克、4.93千克和0.07千克。体重90千克屠宰，屠宰率约67%，胴体瘦肉率约37%。内江猪全身被毛黑色，头大嘴短，额面横纹深陷成沟，额皮中部隆起成块。耳中等大而下垂。体型较大，体躯宽深，背腰微凹，四肢较粗壮。成年公猪体重169千克左右，成年母猪体重155千克左右。繁殖性能较好，性成熟早，经产母猪每胎平均产仔10.6头。

2. **杂交利用** 用长白猪作父本与内江猪杂交，一代杂种猪增重优势率为36.2%，每千克增重消耗配合饲料比双亲平均值低6.7%～8.1%。胴体瘦肉率45%～50%。

(三)荣昌猪

1. **产地和特点** 原产于重庆市荣昌县和四川省隆昌县。目前全国已有24个省、自治区、直辖市引入这种猪。其主要特点是适应性强，生长发育较快，早熟易肥，饲料报酬较高。在农村一般饲养条件下，生后1年的肥育猪，体重为75～80千克。在较好的饲养条件下，体重可达100～125千克。在日粮含消化能31兆焦、可消化粗蛋白质291克营养水平下饲养，体重14.7～90千克阶段,日增重 633 克,每千克增重消耗配合饲料 3.3 千克、青饲料 2.88 千克、粗饲料 1.01 千克。屠宰率约 69%,瘦肉率 39%～ 40%。全身被毛白色,鬃毛品质好,两眼四周黑色,也有少数在头颈、尾梢等处出现黑斑。头大小适中,面微凹,耳中等大而下垂。体型较大,腹大而深,四肢细小,紧凑结实。成年公猪体重 158 千克,成年母猪体重 144 千克左右。经产母猪每胎平均产仔 12 头左右。

2. 杂交利用　用长白猪、约克夏猪作父本与荣昌母猪杂交,均能获得良好效果。长白猪与荣昌猪的组合较好,日增重优势率 14%～18%,饲料报酬优势率 8%～14%。用汉普夏、杜洛克公猪与荣昌母猪杂交,一代杂种猪胴体瘦肉率可达 49%～54%。

(四)宁乡猪

1. 产地和特点　原产于湖南省宁乡县的流沙河及草冲一带,后遍布全省。主要特点是早熟易肥,沉积脂肪能力强,生长发育快,4 月龄、6 月龄、8 月龄和 9 月龄时,胴体中脂肪比例为 28%,34%,40%和 46%左右。肥育猪日增重 363 克,8 月龄体重 68 千克左右,屠宰率为 70.57%。75 千克以后增重速度下降,胴体脂肪增多。全身毛色黑白花,根据毛色分布不同分为乌云盖雪、大黑花和小黑花 3 种。头中等大,额部有形状和深浅不一的横形皱纹,耳较小而下垂。根据头形又分为狮子头、福字头和阉鸡头 3 种类型。背多凹陷,腹大下垂,四肢短粗。性成熟较早,经产母猪每胎平均产仔 10.58 头。成年公猪体重 150 千克以上,成年母猪体重 125 千克。

2. 杂交利用　以长白猪和中型约克夏猪为父本、宁乡猪为母本进行杂交,均能获得较好的效果。长×宁和约×宁一代杂种猪体重 20～85 千克阶段,平均日增重分别为 434 克和 438 克,每千克增重耗消化能 46 兆焦左右,胴体瘦肉率 45%～50%。

(五)金 华 猪

1. *产地和特点*　产于浙江省金华地区。是我国著名的优良猪种之一。其主要特点是性成熟早,皮薄骨细,肉质好,适于腌制优质火腿。肥育猪平均日增重 465.2 克。当平均体重为 74.39 千克时,屠宰率为 72% 左右。体型中等偏小,毛色以中间白(体躯中间为白皮白毛)、两头黑(头颈和臀尾部为黑皮黑毛)为特征,故又称"两头乌"。耳中等大、下垂,背微凹,腹大微下垂,四肢细短。按头形又可分为寿字头(猪头短,额有粗深皱纹)、老鼠头(猪头长,额部皱纹浅或无)和中间型 3 种。成年公猪体重 112 千克,成年母猪体重 97 千克。性成熟早,产仔多。初产母猪平均产仔 10.5 头,经产母猪每胎平均产仔 13.8 头。

2. *杂交利用*　以金华猪为母本,中约克夏猪、长白猪为父本开展杂种优势利用,效果显著。用长白猪与金华猪杂交,一代杂种猪体重 13~76 千克阶段,日增重 362 克,胴体瘦肉率约 51%。用长白猪作第二父本,与约×金(约克夏公猪配金华母猪)杂种母猪杂交,其三品种杂种猪在中等营养水平下饲养,体重 18~75 千克阶段,日增重 381 克,胴体瘦肉率约 58%。

(六)太 湖 猪

1. *产地和特点*　太湖猪产于长江下游太湖流域的沿江沿海地带,由产于上海市嘉定区和江苏省太仓市的梅山猪(图 1-10),产于上海市金山区和松江区的枫泾猪,产于浙江省嘉兴市的嘉兴黑猪,产于江苏省武进市的焦溪猪,产于江苏省靖江市的礼士桥猪以及产于上海市崇明县的沙乌头猪等地方类型猪组成,统称"太湖猪",是我国乃至全世界猪种中繁殖力最高、产仔数最多的品种。梅山猪在体重 25~90 千克阶段,日增重 439 克,每千克增重耗消化能 53.7 兆焦;枫泾猪在体重 15~75 千克阶段,日增重 332 克;

图 1-10　梅山猪

a. 公　b. 母

嘉兴黑猪在体重 25～75 千克阶段,日增重 444 克,每千克增重耗消化能 45.4 兆焦。太湖猪体型中等,以梅山猪较大,枫泾猪和嘉兴黑猪等次之。头大额宽,额部皱褶多、深,耳特大、软而下垂。全身被毛黑色或青灰色。成年公猪体重 150～200 千克,成年母猪体重 150～180 千克。屠宰率 65%～70%,胴体瘦肉率 39.9% 左右。性成熟早,初产母猪产仔 12 头以上,2 胎以上母猪每胎产仔 14 头以上,3 胎以上母猪每胎产仔可达 16 头。

2. **杂交利用**　用长白猪和约克夏猪作父本与太湖猪杂交,一代杂种猪日增重分别为 506 克、481 克和 477 克,每千克增重耗消化能分别为 49.4 兆焦、52.5 兆焦和 51.2 兆焦。用长白猪作父本,与梅×二(梅山公猪配二花脸母猪)杂种母猪进行三品种杂交,杂种猪日增重可达 500 克。用杜洛克猪作父本与长×二(长白公猪配二花脸母猪)杂种母猪进行三品种杂交,杂种猪的瘦肉率较高,在体重 87 千克时屠宰,胴体瘦肉率 53.5%。

(七)大花白猪

1. **产地和特点**　大花白猪(图 1-11)原产于广东省珠江三角洲的顺德、南海、番禺等 10 多个市、县。20 世纪 80 年代已推广到广东省 70 多个市、县和广西壮族自治区等地。其主要特点是对闷热潮湿的环境适应性强,早肥易成熟和脂肪沉积能力强。在较好的饲养条件下,体重 20～90 千克阶段,日增重 519 克,每千克增重耗消化能 52.7 兆焦,可消化粗蛋白质 537 克。体型中等,全身毛色为黑白花,头部和臀部有大块黑斑,腹部、四肢为白色,在黑白色交界处有黑皮白毛形成的"晕"。耳稍大而下垂,额部多有横皱纹。背微凹,腹较大。成年公猪体重 130～140 千克,成年母猪体重105～120 千克。繁殖力较高,初产母猪平均产仔 12 头,经产母猪每胎平均产仔 13.5 头。

2. 杂交利用 利用长白猪、大约克夏猪为父本,大花白猪为母本进行经济杂交,一般可获得日增重优势 20% 以上。用杜洛克猪和汉普夏猪作父本,与大花白猪杂交,一代杂种猪体重 20～90千克阶段,日增重分别为 583 克和 584 克;每千克增重耗消化能分别为 44.1 兆焦和 43.6 兆焦,耗粗蛋白质分别为 458 克和 452 克。体重 90 千克屠宰,屠宰率分别为 70% 和 71%。

图 1-11 大花白猪

a. 公 b. 母

(八)两广小花猪

1. 产地和特点 两广小花猪是由一些同源异名的猪合并而成的。主要包括了陆川猪、福绵猪、广东小耳花猪等。在广东小花猪产于西江以南和粤西一带地区,分布在湛江、肇庆、佛山、汕头等地区;在广西小花猪产于浔(西)江流域两岸及南部一带。小花猪具有耐粗饲、繁殖性能好、适应性强、早熟易肥、肉质鲜美、肌肉细致等特点。其体型外貌:头短、耳短、颈短、身短和脚短,全身被毛稀疏细短。面、耳为黑色,鼻梁、鼻镜、颈、肩、腹下部和四肢为白色,背、腰、尾、臀为黑色,且连成一片,在黑白间有一条2~5厘米宽的黑皮白毛的灰色带。外貌整洁美观,头型较小,鼻梁稍弯,耳小,全身丰满,背腰较软,腹大垂地。早熟易肥,能食大量青粗饲料。成年公猪体重103~131千克,成年母猪体重81~112千克。体型较小,性情温驯,性成熟早,发情征候明显,生殖器官疾患少。产仔多,经产母猪每胎产仔10~12头,平均10头左右。生长肥育期,60日龄断奶开始肥育到80千克,日增重可达400~500克。屠宰率为70%左右,瘦肉率为32%。

2. 杂交利用　广东省郁南县用广东小耳花猪(桂圩猪)分别与长白猪、大白猪的公猪杂交,其一代杂种猪肥育,体重15~90千克阶段,日增重分别为577克与514克,每千克增重消耗配合饲料分别为3.3千克与3.67千克,屠宰率分别为68.8%与72.2%。广州军区驻两广和海南省的部队农场和连队养猪,多数用陆川猪母猪与长白猪或大约克夏猪的公猪进行杂交,利用杂交一代肥育,耐粗饲,长得快。

五、发展经济杂交猪

经济杂交是养猪业提高经济效益的重要手段。畜牧业比较先进的国家,80%~90%的商品猪肉是用杂交猪生产的。经济杂交有很多优点:一是母猪的繁殖性能明显提高,产仔数、泌乳能力、初生重、育成数、窝重都有明显的提高;二是杂种猪生长速度快,节省饲料,不论仔猪、肥育猪都比纯种猪快;三是杂交猪抗病力强,发病少;四是耐粗饲,对饲料适应范围广,利用粗饲料的能力比纯种猪强。据北京市农林科学院试验,4 个纯种与其杂种在同样条件下肥育,纯种猪发病率达 70%,而杂种猪发病率只有 14%。杂种猪生活力强,死亡率低。据测定,一些主要经济性状的杂种优势率(超过父本和母本性状均值的百分数)为:日增重 5%～15%,饲料报酬 5%～10%,胴体品质 2%左右,产仔数 8%～10%,断奶窝重 30%～45%。

经济杂交的方式较多,主要有以下几种。

(一)两品种杂交

两品种杂交就是用不同品种的公猪和母猪杂交,专门利用一代杂种优势生产商品肉猪。一般是用本地品种的母猪与引进的另一品种公猪交配,所生一代杂种,全部肥育。

大约克夏猪与太湖猪杂交的一代杂种,深受群众欢迎。大约克夏猪与金华猪杂交,一代杂种母猪体质健壮,适应性强,有明显的繁殖优势。大约克夏猪与淮河流域的淮猪杂交,所生的杂种猪背宽臀圆,四肢丰满,增重快,耐粗饲,生活力强,屠宰率高。大约克夏猪与晋南本地猪杂交,杂种猪增重快,个体大,饲料报酬高,屠宰率和肉质均优于当地猪。

(二)三品种杂交

从两品种杂交的一代杂种猪中选择优良母猪,再与第三品种的公猪杂交,所生的三品种杂种猪一般比两品种杂种猪的效果更好。因为三品种杂交不仅利用了杂种仔猪生长快的特点,而且还利用了两品种杂交产生的一代母猪生活力强、产仔多、哺育成活率高的杂种优势,从而可以获得更高的杂种优势。

(三)四品种杂交

用三品种杂交的杂种母猪再与另一品种公猪杂交,或者用四个品种先分别进行两两杂交,然后再在两杂种间杂交,这两种方式都属于四品种杂交。这种杂交能形成更大的杂种优势。

(四)杂交亲本的选择

经济杂交,一般说来国内本地品种与引进的国外品种杂交效果好,国内北方猪种与南方猪种杂交也可以取得良好效果。但是,不能认为只要是杂交就必定有优势,这里有一个杂交组合的选择问题。

生产上要想得到既高产又稳定的杂种优势,在选择杂交亲本上必须把握以下原则。

第一,父本和母本都要求是种性纯的纯种猪。无论父本或母本,纯度越高其杂种优势越明显,杂交效果越好。所谓种性纯,指的是群体内个体间遗传差异小,其基因型基本一致。只有具备这个条件的父本、母本间杂交,才能得到稳定的杂种优势。不可用血缘混乱的杂种种猪作杂交父本或母本。

第二,母本应具有产仔多、母性好、泌乳力高等性状,有利于提高仔猪的成活率和断奶重,降低生产成本。因此,应当选择适应当地条件而且数量多的地方猪种或改良猪种作为母本。我国地方猪种资源丰富,最能适应当地自然条件,用这些猪种作为母本,来源容易解决,产生的后代也容易在当地饲养和推广。

第三,父本可选择长白猪、大约克夏猪、杜洛克猪、汉普夏猪等从国外引进的瘦肉型品种。这些猪种都经过长期系统选育,遗传性能稳定,具备生长速度快、饲料报酬高、瘦肉率高(60%以上)的特点,与我国地方猪或改良猪杂交,所得到的杂种猪用于肥育,生长快,省饲料,瘦肉率高。

(五)优良杂交组合简介

我国的一些畜牧科研所和农业大学及种猪场等单位,用引进的大约克夏猪、长白猪、杜洛克猪、汉普夏猪与地方品种和培育品种猪进行二元和三元杂交,取得了良好效果。各地可以根据当地品种的具体情况,选择适宜的优良肉用猪品种进行杂交。部分杂交组合效果见表1-1和表1-2。

表1-1 部分优良杂交组合效果

组 合 (公×母)	头数	日增重 (克)	饲养 天数	饲料 报酬	屠宰率 (%)	瘦肉率 (%)	资料来源
杜×荣	8	569	124	3.14	70.48	53.81	四川种猪试验站
汉×荣	8	534	129	3.44	69.37	56.73	四川种猪试验站
大×荣	7	560	125	3.46	69.80	52.47	四川种猪试验站
大×崂	19	647	112	3.46	73.70	50.20	山东畜牧所
长×枫	10	550	109	4.04	76.60	52.50	山东畜牧所
长×民	14	587	123	3.09	69.20	47.20	吉林畜牧所
长×地	24	565	125	4.12	67.35	54.27	山西畜牧所
大×地	24	535	131	4.46	70.56	52.17	山西畜牧所
汉×地	6	541	132	3.14	65.77	55.52	山西畜牧所
杜×地	9	552	125	3.67	68.84	54.21	山西畜牧所
汉×广花	16	612	115	3.57	74.50	51.00	广东畜牧所
长×吉花	15	614	114	3.46	71.80	51.04	吉林畜牧所
杜×北黑	30	560	117	3.71	76.60	58.34	北京畜牧所
长×北黑	30	553	118	4.00	76.30	51.72	北京畜牧所
大×北黑	32	600	108	3.81	76.60	51.44	北京畜牧所
杜×上白	30	643	102	3.26	72.83	62.33	上海畜牧所
长×上白	6	638	108	3.58	72.88	57.84	上海畜牧所

五、发展经济杂交猪

续表1-1

组合 （公×母）	头数	日增重 （克）	饲养 天数	饲料 报酬	屠宰率 （%）	瘦肉率 （%）	资料来源
大×上白	6	633	107	3.49	74.12	59.34	上海畜牧所
大×长北	35	679	103	3.21	72.26	58.16	中国农科院畜牧所
大×长枫	10	620	96	3.21	71.94	56.68	中国农科院畜牧所
杜×长北	44	623	100	3.40	75.00	58.52	北京畜牧所
大×长北	30	600	107	3.50	75.69	54.92	北京畜牧所
长×长北	20	504	129	3.89	75.14	56.29	北京畜牧所
大×长沙	11	597	118	3.19	73.15	56.30	湖南畜牧所
杜×长沙	6	544	128	3.36	73.49	55.26	湖南畜牧所
大×长本	36	536	129	3.85	70.66	56.37	山西畜牧所
长×大本	28	542	128	4.06	70.95	55.06	山西畜牧所

注：杜—杜洛克猪；汉—汉普夏猪；长—长白猪；大—大约克夏猪；荣—荣昌猪；崂
—崂山猪；民—东北民猪；地—山西地方猪；枫—枫泾猪；广花—广东大花猪；吉花
—吉林花猪；北黑—北京黑猪；上白—上海白猪；长北—长白猪（公）×北京黑猪
（母）；长枫—长白猪（公）×枫泾猪（母）；长沙—长白猪（公）×沙子岭猪（母）；长
本—长白猪（公）×山西本地猪（母）；大本—大约克夏猪（公）×山西本地猪（母）

表1-2　不同杂交组合的杂交效果

组合			增重与耗料				屠宰			资料来源
父本	母本	头数	结束平 均体重 （千克）	平均日 增重 （克）	饲料 报酬		头数	宰前重 （千克）	瘦肉率 （%）	
长白	上海白	6	92.79	638.0	3.36		6	88.92	57.84	上海畜牧所
长白	关中黑	8	88.63	628.0	3.40		3	86.87	55.45	陕西畜牧所
长白	汉沽黑	8	90.13	651.9	3.88		2	87.25	57.17	汉沽农场
长白	湖北白	21	93.64	635.2	3.52		18	90.72	64.36	华中农大
大白	上海白	6	90.88	633.0	3.27		6	86.75	59.34	上海畜牧所

第二章　猪的品种和杂种优势利用

续表 1-2

组　合		增重与耗料				屠　宰		资料来源
父　本	母　本	头数	结束平均体重（千克）	平均日增重（克）	饲料报酬	头数	宰前重（千克）	瘦肉率（％）	
大　白	荣　昌	8	90.95	560.0	3.09	7	88.01	56.94	荣昌种猪试验站
杜洛克	崂山猪	34	91.10	658.0	3.28	28	87.12	57.40	山东畜牧所
杜洛克	湖北白	21	90.33	642.0	3.19	6	91.58	63.80	湖北畜牧所
杜洛克	淮　猪	19	90.06	561.6	3.47	5	84.43	56.30	江苏畜牧所
杜洛克	北京黑	30	90.59	560.0	3.69	6	86.94	58.34	北京畜牧所
杜洛克	沙子岭	8	90.15	610.0	3.61	6	91.25	55.04	湖南畜牧所
杜洛克	关中黑	8	88.63	628.0	3.40	3	86.87	55.45	陕西畜牧所
杜洛克	汉沽黑	8	90.25	618.8	3.94	2	84.25	60.02	汉沽农场
杜洛克	湖北白	25	95.25	785.1	3.11	21	89.83	64.65	华中农大
杜洛克	山西黑	5	93.69	446.0	3.69	5	91.60	56.24	山西农大
杜洛克	太原花	4	92.56	471.7	3.82	5	93.83	57.24	山西农大
杜洛克	荣　昌	8	90.40	569.5	3.06	9	89.25	58.20	荣昌种猪试验站
杜洛克	吉林花	5	90.00	570.2	2.86	7	87.60	55.42	吉林畜牧所
汉普夏	荣　昌	8	89.75	534.5	3.08	3	88.03	62.11	荣昌种猪试验站
杜洛克	长　崂	12	90.40	362.0	3.19	12	88.52	58.51	山东畜牧所
杜洛克	长　淮	6	86.00	714.0	3.10	3	81.22	59.62	江苏畜牧所
杜洛克	大　淮	6	91.00	547.5	3.62	3	85.43	56.70	江苏畜牧所
杜洛克	长　上	5	86.50	584.0	3.53	3	87.67	58.81	上海畜牧所
杜洛克	约　上	6	92.67	699.0	3.00	3	89.34	57.70	上海畜牧所
杜洛克	苏　上	4	87.88	643.0	3.04	3	87.84	58.77	上海畜牧所
杜洛克	长　沙	7	90.60	615.0	3.57	13	88.70	60.86	湖南畜牧所

五、发展经济杂交猪

组 合			增重与耗料			屠 宰			资料来源
父 本	母 本	头数	结束平均体重（千克）	平均日增重（克）	饲料报酬	头数	宰前重（千克）	瘦肉率（％）	
杜洛克	约 花	10	90.10	641.3	3.40	10	94.00	55.71	广东畜牧所
杜洛克	汉 花	9	93.66	541.8	3.65	9	98.00	58.09	广东畜牧所
杜洛克	长 本	4	96.13	625.9	3.06	4	92.13	57.15	山西农大
杜洛克	约 本	6	90.40	365.8	4.35	7	92.33	58.85	山西农大
杜洛克	长 花	7	96.77	535.8	4.00	7	92.71	59.47	山西农大
杜洛克	约 花	9	95.31	500.7	3.77	9	91.28	59.49	山西农大
杜洛克	长 互	8	91.33	579.1	3.24	6	91.33	59.66	青海畜牧所
杜洛克	苏 互	8	93.25	566.8	3.17	6	93.25	59.46	青海畜牧所
杜洛克	巴 互	8	90.43	560.4	3.31	7	86.64	58.81	青海畜牧所
杜洛克	内 互	8	90.71	576.3	3.11	7	90.50	57.37	青海畜牧所
汉普夏	杜 淮	6	94.58	578.2	3.04	3	87.54	57.92	江苏畜牧所
汉普夏	长 淮	5	93.33	666.7	3.20	3	90.75	59.62	江苏畜牧所
汉普夏	大 淮	6	93.13	546.6	3.05	3	86.75	58.16	江苏畜牧所
汉普夏	约 花	12	98.36	614.2	3.48	10	92.84	59.21	广东种猪测定组
汉普夏	长 花	17	97.26	605.8	3.66	16	92.34	59.03	广东种猪测定组
汉普夏	约 花	9	95.94	601.2	3.56	9	103.65	55.50	广东畜牧所
汉普夏	汉 花	9	90.05	531.6	3.69	9	98.00	62.31	广东畜牧所

（引自吕志强《养猪手册》）

六、加速生产瘦猪肉

随着我国人民生活水平的提高，人们对猪肉品质的要求也越来越讲究。加速生产符合无公害食品要求的瘦猪肉是进一步改善人民生活的需要。加速生产瘦猪肉，主要应抓好以下几个方面。

(一)发展瘦肉型猪

瘦肉型猪是从国外引进的，主要品种有大约克夏猪(大白猪)、兰德瑞斯猪(长白猪)、杜洛克猪、汉普夏猪、皮特兰猪等。饲养瘦肉型猪，小规模猪场要利用现有的瘦肉型种猪，大规模猪场应利用引进的配套系种猪。

(二)经济杂交

早期的经济杂交，多着重于猪的繁殖力、日增重和饲料报酬方面的提高。国内南北猪种间的杂交在日增重方面确实取得了较好的效果。但胴体性状方面，效果不明显，杂种猪的膘厚超过了双亲，靠国内地方品种间杂交，是不能产生理想的瘦肉型商品猪的。用引进的瘦肉型猪与我国地方种猪杂交，杂种的瘦肉率也不太高，一般在 45%～50%，膘厚在 3.5～4.2 厘米，这说明我国地方猪种脂肪性状的杂种优势表现很强。但是，用引进的瘦肉型种猪与我国培育的杂种猪杂交，不论是两品种杂交还是三品种杂交，瘦肉率都有明显的提高。如用大约克夏猪、长白猪、杜洛克猪分别与北京黑猪、吉林黑猪、上海白猪进行两品种杂交，杂种猪的瘦肉率都可达到 50% 以上。用引进的不同瘦肉型种猪为第一父本和第二父本，我国地方猪种或我国培育的猪种为母本，进行三品种杂交，都可获得满意的效果。不过，每个品种个体之间有相当大的差别，如北京黑猪的瘦肉率，不同的个体低的为 48%，高的到 56%。早期引入我国的长白猪的瘦肉率低的为 50%，高的到 61%。不注意选育提高，天长日久就会发生退化。所以，不论是我国培育的猪种还是从国外引进的猪种，都有个继续选育提高的问题。

(三)充分利用蛋白质饲料

蛋白质是构成动物体的基础物质，饲料的营养成分中对瘦肉率影响最大的是蛋白质水平。瘦肉中蛋白质的含量较高，蛋白质又不像脂肪那样可以由其他物质转化而来，只能吸收饲料中构成蛋白质的氨基酸来转化成猪体的蛋白质。所以，生产瘦肉就要喂给含蛋白质较多的饲料，以供给较多的蛋白质。我国蛋白质资源严重不足，这是畜牧生产发展不快、经济效益不高的原因之一。但是，我国每年都有很多的饼粕直接下田作为肥料使用，这是个很大的浪费。因为饼粕用作肥料，植物只能利用其中氮源的 50%；而作为饲料，氮源利用率可达 90%。饼粕类先作为畜禽的饲料再用畜禽粪肥下田，是广开蛋白质饲料资源的一条重要途径。

(四)按需要饲喂蛋白质饲料

随着猪的年龄和体重的增加，猪体内的成分也发生变化，也就是蛋白质的比例随年龄和体重的增加而降低，脂肪的比例却随着年龄和体重的增加而增加。猪生后 2～3 月龄期间，骨骼生长快，同时肌纤维增粗增长；生后 3～4 月龄，肌纤维进入发育期，随后脂肪进入增长旺期。猪在发育的早期，生长速度比较快，体内的主要成分是蛋白质，这时猪对蛋白质的需要量大，利用率也高，在体重 20 千克以前最突出，可以延续到体重 60 千克之时。因此，配制饲料特别要注意蛋白质的比例。许振英教授对瘦肉型生长猪饲料蛋白质水平提出如下建议：开料期，5～20 千克体重，22%；生长期，20～55 千克体重，19%～17%；肥育期，55～90 千克体重，若为了提高胴体质量，用 16%，如为了增重，则用 14%。因此，应该按猪不同生长时期的需要,供给适当比例的蛋白质饲料。

蛋白质的供应,实质上是氨基酸的供应。饲料被猪采食后,其中蛋白质在肠道被消化成氨基酸,经血液运送到组织细胞,形成体组织及活性物质。一种必需氨基酸含量不足,就会影响饲料中其他氨基酸的利用。使用必需氨基酸含量不足的饲料喂猪,就不能把饲料中的蛋白质很好地利用起来。所以,需要采取多种饲料搭配。在猪的饲料中,赖氨酸是必需氨基酸中的重点,猪对赖氨酸需求量大,补充赖氨酸对增加瘦肉能起到良好的作用。

(五)猪生长的前中期保证营养,后期限制饲养

我国人民在生产实践中,对肥育猪的规律总结出:"小猪长骨、中猪长皮、大猪长肉、肥猪长油"的经验,是很有道理的。肉猪饲养后期,日增重越高,体内脂肪的比例越高,瘦肉的比例也越低。有人报道,生长 1 千克脂肪消耗的能量是生长 1 千克瘦肉所消耗能量的 2.25 倍。所以饲养后期,脂肪的比例越高,饲料报酬越低。我们应该根据猪的生长发育规律,采取一条龙的肥育办法,不搞"吊架子";在不同的阶段给予不同营养水平的日粮,充分发挥瘦肉的生长优势,控制肥肉的增长,提高生长猪的瘦肉率。肉猪的生长前期(20~60 千克)骨骼和肌肉的生长强度大,猪体的增重主要是肌肉和骨骼的增重,要保证猪只的快速生长,采用高能量和高蛋白日粮,每千克混合料粗蛋白质 16%~18%,消化能 13~13.5 兆焦,日喂 2~3 餐,每餐自由采食,尽量发挥小猪早期生长快的优势。对提高瘦肉率有利。

在 60~100 千克阶段,采用中能量,中蛋白质,每千克饲料含粗蛋白质约 13%~14%,消化能 12.2~12.6 兆焦,日喂二餐,采用限量饲喂,就是只给予平常充足饲料喂量的 85%。这样增重是慢了一些,但是可以提高瘦肉率和饲料报酬,为了不使猪挨饿,在饲料中可增加粗料比例使猪既能吃饱,又不会过肥。

有些地区采取先粗后精的办法,在肌肉生长最旺的阶段,多喂粗饲料,降低营养水平,延长饲养时间,想拉大架子,却影响了瘦肉的增加;而在后期,猪长肥膘的时期,不但不限制饲养,反而给予丰富的饲料催肥,促进肥膘增长,这就是市场上常见的膘很厚的肥猪肉。这种养猪方法,既增加了饲料消耗,又降低了瘦肉率,很不科学,需要改进。要把有限的精料重点放在生长猪的前期和中期,肥育后期采用限制饲养的方法。

在喂料方法上,采用半干半湿饲料,每天喂 2～3 餐,并经常提供新鲜饮水,自由饮用。不要稀喂,以免长成大肚子猪。

(六)掌握适宜的屠宰期

适宜的屠宰期是根据猪品种的体型大小和成熟早晚而确定的。李素芬对瘦肉型猪的适宜屠宰期提出以下指标。

1. **大型猪种适宜的屠宰期**　大型猪种体重 50～90 千克时是肌肉生长发育的旺期,这以后才是脂肪沉积的旺期。由于脂肪沉积,使得肉质有所改善。体重 90 千克以后脂肪的沉积增加。引进的大型瘦肉型猪,体重达到 100～105 千克时屠宰比较适宜,这时既能保证肉的质量,又能防止脂肪过量沉积。

2. **中型猪种适宜的屠宰期**　中型猪种体重 45 千克左右已经达到肌肉生长发育的高峰,45～90 千克时是脂肪沉积的高峰。中型猪如果在 90 千克以后屠宰,就会使胴体过肥,一般宜在 90 千克以前屠宰。国内培育的新品种及其与大、中型种猪杂交的杂种猪,宜在 85～90 千克体重时屠宰。

3. **小型猪种适宜的屠宰期**　小型猪种早熟易肥,以体重 65～75 千克时屠宰为好。它们与大、中型种猪杂交的杂种猪,可在 70～80 千克体重时屠宰。

第三章　饲料的配制和添加剂

　　饲料是发展养猪的物质基础,是猪获得各种营养物质的来源。猪的常用饲料,有精饲料、粗饲料、青饲料、动物性饲料和矿物质饲料等。猪所需要的营养物质有粗蛋白质、碳水化合物、粗脂肪、维生素、矿物质和水分等。为了保持猪的饲料营养平衡,就必须保证饲料的质量和营养水平。要养好猪,需要了解各类饲料所含的营养成分、特性以及配合方法。配合饲料有以下优点。

　　第一,可营养互补,提高饲料中养分的利用率。例如,用亚麻饼或玉米喂仔猪,其中氮的利用率分别为 17% 和 23.7%,如按 3/4 玉米与 1/4 亚麻饼配合,则氮的利用率可以提高到 37%。

　　第二,缩短饲养周期,提高畜产品产量。用传统方法喂猪,农户有啥喂啥,12 个月才能达到 80 千克体重;改用全价配合饲料喂猪,6 个月就可达到 80 千克体重。

　　第三,节约饲料用粮。技术先进的国家生产每千克猪肉所消耗的饲料,已从 20 世纪 50 年代的 5.5 千克降低到 80 年代的3.2 千克。使用配合饲料,能够充分发挥饲料的效能,提高饲料利用率,生产更多更好的猪肉。

　　家庭养猪,能量饲料容易满足,但往往容易忽视蛋白质、维生素和矿物质的补充。从许多农户家中调查都有这样的情况,即 1 头猪 1 天吃几斤大米,每餐吃 1 大桶,就是长不快。其原因:一是饲料单一,只有能量饲料,缺少蛋白质饲料;二是煮熟喂,有些营养物质被破坏,尤其是维生素在高温中损失较大;三是缺少猪生长所需的维生素和矿物质。

　　我们在湖北省当阳市试验期间,访问了农民童德春,他说:"我养猪饲料喂得多,喂得好,100 斤(50 千克)左右重的白猪,每天二斤半(1.25千克)大米,几斤糠,十多斤青饲料,一天煮两锅,猪都吃完了,每天只长四两(200克),赚不到钱,只能是把零钱存放在猪身上。"由此可见,不懂得饲料配合,饲料营养不全是养不好猪的。如果农民普遍懂得科学养猪知识,实行配合饲料喂猪,改变单一饲料状况,养猪业必将有一个大的发展。

我们和童德春一起研究,根据当地饲料情况,进行多种饲料搭配(表2-1),采取浸泡半湿生喂。结果猪吃料减少,在5℃左右的气温条件下,每天增重500克左右,成本只有0.68元。

表2-1　饲料配合比例　(%)

饲　料	稻谷粉	大麦	菜籽饼	芝麻饼	米糠	麦麸	食盐	添加剂
配合比例	30	25	8	10	14.8	11	1	0.2

注:每天补饲8千克青饲料

一、猪的常用饲料

猪常用饲料的种类很多,其中包括青绿饲料类,树叶类,青贮饲料类,块根、块茎、瓜果类,青干草类,农副产品类,谷实类,糠麸类,豆类,饼粕类,糟渣类以及动物性饲料,矿物质饲料等。

(一)青绿饲料类

1. 青绿饲料的种类　青绿饲料(又称青饲料)包括黑麦草、青贮专用玉米、白三叶草、芭蕉秆、草木樨、大白菜、胡萝卜缨、灰菜、菊芋茎叶、苜蓿、水稗草、水浮莲、甜菜叶、紫云英、聚合草、串叶松香草等多种。有许多青饲料的产量和营养价值都很高,禾本科青饲料蛋白质含量一般占干物质的10%左右,豆科植物含量更高,蛋白质较好。如紫花苜蓿、白三叶草、红三叶草等干物质中含粗蛋白质17%～25%。

青绿饲料含水分较多,质地柔软,营养丰富。其中有较多易被动物利用的游离氨基酸。碳水化合物中无氮浸出物含量较多,粗纤维含量较少,而且大部分属于未木质化的纤维素与半纤维素,容易消化。

青饲料是常用的维生素补充饲料。猪正常生长需要多种维生素,而青饲料含维生素比较全面。如青饲料胡萝卜素含量比玉米子实高50～80倍,核黄素高3倍,泛酸高近1倍,并富含尼克酸、维生素C、维生素E和维生素K等。

如果猪日粮缺乏青饲料,饲料的消化率和利用率都较低,猪生长慢。长期缺乏青饲料又不喂维生素,猪易出现维生素缺乏症。青饲料含矿物质比较丰富,钙、磷、钾的比例适当,镁、钠、氯、硫等含量也较高。如果日粮中有足够的青饲料,猪便很少发生因缺乏矿物质而引起的疾病。

猪喂青饲料,能促进生长,增加重量。我们在湖北试验期间,做了喂青饲料和不喂青饲料的对比试验,喂青饲料的猪比不喂青饲料的猪,每天多增重100克。这说明青饲料有着一定的作用。因此,要养好猪必须有计划地种植青饲料,采集青饲料,贮存青饲料,保证猪能吃到足够的青饲料。但是,青饲料含水分较多,如果单用青饲料喂猪,猪得不到所需要的全面营养,造成猪生长慢,增重不快,所以要精、青、粗饲料合理搭配。

在一些规模化猪场,由于青饲料供应不足,或来源不便,而在日粮中添加复合维生素,不再喂青饲料。不过,生产实践证明,在喂全价配合料时,再加喂青饲料,会取得更好的效果,特别是种猪,可提高繁殖性能。

2. 青饲料喂猪时要注意的问题

第一,不要切碎和开水煮。青饲料在无污染的情况下,最好不要切碎后再洗。因为青饲料含有丰富的维生素,鲜嫩的青饲料切得越细,洗得越净,水溶性维生素损失越多。同时,青饲料切得太细,猪在抢食时吞咽过快,未经细嚼,不利于消化。煮青饲料就更糟了,因为高温会使大部分维生素受到破坏,加热后还会加速亚硝酸盐的形成,猪吃后易中毒。

第二,现采现用,不要堆放。青饲料鲜嫩可口,猪爱吃。如果堆放过久,很容易发热变黄,不仅破坏了部分维生素,降低了适口性,而且还会产生亚硝酸盐而引起猪中毒。

第三,喂量适度。按干物质计算,青饲料在后备母猪和泌乳母猪日粮中可占干物质的 25%～30%,在怀孕母猪日粮中可占干物质的 25%～50%。

第四,为了去除聚合草、籽粒苋等青饲料茎叶表面的毛刺,使其变得更细腻,提高饲喂效果,可采用打浆的方法对其进行加工调制。

(二)树叶类

猪常用的树叶类饲料有洋槐树叶、紫穗槐叶、柳树叶、杨树叶、榆树叶、泡桐叶以及杏、桃、梨、葡萄叶等。除用晒干的树叶粉碎加入日粮喂猪外,还有用新鲜树叶或青贮、发酵后的树叶喂猪的。此外,松针也是重要的饲料资源。据中国林业科学研究院黄鹤羽等报道,我国松树分布广泛,遍及全国,资源丰富。松针中含有大量的维生素,还含有蛋白质和微量元素,富含多种氨基酸(表 2-2 至表 2-5)。

第三章　饲料的配制和添加剂

表2-2　松针粉营养成分表　（%）

水分	粗白蛋质	粗脂肪	粗纤维	无浸出氮物	灰分	钙	磷	资料来源
	12.10	8.42	26.18	41.26	2.34	0.63	0.05	黄鹤羽. 饲料研究,1985:1
	22.53	4.40	19.90	37.40	—	0.50	0.28	赵培松等. 饲料研究,1985:8
7.8	8.96	11.10	27.12	41.59	3.43	0.54	0.08	刘守纲. 饲料研究,1985:2
	6.69	9.80	29.56	37.06	2.86	—	—	饲料研究,1985:2

表2-3　松针粉氨基酸含量　（%）

天门冬氨酸	苏氨酸	谷氨酸	甘氨酸	亮氨酸	胱氨酸	蛋氨酸	异亮氨酸	赖氨酸	资料来源
0.60	0.29	0.69	0.53	0.54	—	—	—	—	刘守纲.饲料研究,1985:2
0.62	0.27	0.69	0.53	0.54	0.17	0.34	0.33	0.43	饲料研究,1985:2

表2-4　松针粉维生素含量　（毫克／千克）

胡萝卜素	维生素 C	维生素 B_1	维生素 B_2	资料来源
121.80	522	3.8	17.2	刘守纲.饲料研究,1985:2
88.76	541	3.8	17.2	饲料研究,1985:2

表2-5　松针粉微量元素含量　（毫克/千克）

锰	铁	锌	钴	钼	硒	资料来源
215	329	38	0.58	0.87	3.9	刘守纲.饲料研究,1985:2

　　松针经过脱叶、切碎、烘干、粉碎可以制成松针粉。我国有些

林场已建厂生产,在江苏、福建、浙江、陕西、安徽、四川、广东、吉林等省的部分饲料加工厂和畜禽饲养场推广应用,受到普遍欢迎。紫穗槐、洋槐叶粉也可直接代替部分粮食饲料。

为了使青饲料具有酸、甜、香、软、熟等特点,可先用适量清水将2千克发面用的老面团调成糊头,与5千克玉米面、10千克米糠或麸皮拌匀,经24小时发酵,再加入50千克洗净切碎的青饲料和10千克酒糟(含水量以手握成团、指缝间有水珠为宜),充分搅拌均匀,然后装入发酵池等容器内,压实、装满、密封,使温度保持30℃~50℃,发酵48小时。

杨树叶、桑树叶等叶类的青饲料喂猪时,往往带有苦、涩、辛辣等异味,为了不影响猪的采食,喂前必须用浸泡的方法对其进行加工调制,一般是将其洗净后放入贮料缸等容器内,用80℃~100℃的热水烫一下,2~4小时后再加入超过叶面5厘米左右的清水浸泡4~6小时,捞出即可饲用。

(三)青贮饲料类

青贮饲料具有很多优点:能较好地保存营养物质;可以全部食用,减少浪费;带有酸甜香味,适口性好,猪爱吃;刺激消化液的分泌,增强胃肠蠕动,有利于消化吸收。

夏、秋旺季生产的青饲料贮存起来,弥补冬、春季节青饲料之不足;在青贮过程中产生的乳酸还能杀死饲料中的病菌和虫卵,从而减少对生猪的危害。

制作青贮的设备比较简单,主要是青贮窖。要选择地势较高、土质结实和地下水位较低的地方建造。窖的底部及四周铺上塑料薄膜。窖口呈圆形,为上大下小状。其大小可根据猪群规模和青饲料多少而定。青饲料数量少,可挖深1.5~2米、直径1.2米左右的青贮窖。用塑料袋青贮,将原料装入内衬编织袋的0.2毫米厚的塑料袋内,青贮袋大小不等,容量变动于50~500千克之间,根据需要决定。适合做青贮的原料主要有禾本科和豆科植物,如青草、野草、甘薯藤、甜菜、萝卜缨等。青贮原料中应有一定的糖分,以利于乳酸菌发酵。含糖量少而含粗蛋白质较多的豆科植物如苜蓿、苕子、草木樨、蚕豆苗、青割大豆等做青贮原料时,如有必要可与禾本科植物混贮,或加入 1%～3%的糖蜜,以防变质。用于青贮的原料要适时收割。禾本科牧草以孕穗至抽穗期收割,豆科牧草以始花至盛花期收割。掌握晴天收割青饲料,晒去 30%的水分,要求原料的含水量为 65%～75%。幼嫩多汁柔软的原料,含水量可低一些,以 60%为宜。原料最适宜的含水量判断:对整株原料用手拧扭时,茎秆拧弯曲而不折断,用手握时,手心湿润而无水滴出现。若拧扭时,有汁液滴下,手握时水珠自手指缝流出,为含水量过高,要继续晾晒至适宜的含水量。若含水量不足,则要适当加水,并立即青贮。青贮时先将原料切短,一般以 2～3 厘米长为宜,再装填窖内,铺 20 厘米左右一层,撒些食盐。添加量为青贮原料的 0.2%～0.5%,不要撒得太多。一层一层地装,一层层地用脚踩实,并注意将边角踩实。窖装满后用稻草或干草铺在上面,再用塑料薄膜密封,覆土厚 30 厘米左右,中间稍微拱起,以免积水。如用塑料袋青贮,装入饲料要一层一层压紧,将袋口扎紧,贮袋不得漏气。半个月后即可喂猪。正常的青贮料为青绿色或黄绿色,有酸香并带酒味。饲喂猪时开始用量要少,逐渐增加。一般情况下,每头猪每天可饲喂 2～5 千克,凡腐败变质的不能饲喂。用料时注意从一边取,取后盖好,防止腐烂变质。

(四)块根、块茎、瓜果类

块根、块茎、瓜果类饲料包括胡萝卜、甘薯、马铃薯、木薯、南瓜、甜菜、西瓜皮、西葫芦等。它们种类不同,性质各异,共同特点是水分含量很高,属于大体积饲料。就干物质而言,粗纤维、粗脂肪含量较少;无氮浸出物含量很高,而且多是容易消化的淀粉或聚戊糖,消化能较高,属于能量饲料。这类饲料味道好,猪爱吃。它们的缺点是蛋白质含量较低,而且相当大的一部分是非蛋白质含氮物质。

胡萝卜的主要作用是在冬季作为多汁饲料和维生素饲料使用,可以生喂。甘薯是高产作物,水分含量比一般多汁饲料少,营养价值较高。患有黑斑病的甘薯会使猪中毒,不能喂猪。甜菜收获后立即喂猪容易引起腹泻,应经过一段时间贮藏再用。马铃薯的无氮浸出物中绝大部分是淀粉,以熟饲为好。没有成熟和发芽的马铃薯含有龙葵素,有毒,采食过多容易引起胃肠炎,这种物质在青绿色的皮上、芽和芽眼中最多,喂前注意剜去,蒸煮也可以降低毒性,但蒸煮的剩水不能喂猪。木薯中含有氢氰酸,能使猪中毒,可以采取浸泡、蒸煮、晒干或加热至 70℃～80℃等方法减毒。木薯干粉和番薯干粉,给种猪、小猪饲粮的用量为 10%左右,肥育猪饲粮的用量为 30%左右。

(五)青干草类

青干草类饲料是用新鲜的野生牧草或栽培牧草晒制成的。品质好的干草颜色青绿,气味芳香,含有丰富的蛋白质、矿物质和胡萝卜素,适口性好,容易消化。干草的营养价值与收割期、调制和贮藏方法有密切关系。豆科牧草自始花到盛花,禾本科牧草由抽穗到开花,为适宜的收割期。青草在晒前若把茎压扁,更易干燥,制成的干草色泽鲜绿,味道也好。青干草喂猪前,要用粉碎机粉碎成细糠状粉末,直径应为 1 毫米以下,一般越细越好。猪日粮中搭配青干草粉的用量,幼猪为 1%～5%,肥育猪为 10%～15%,种猪为 5%～10%。禾本科青干草粉与豆科青干草粉搭配使用效果更好。

(六)农副产品类

农副产品类指谷壳和稿秆等饲料。猪常用的有谷糠、大豆秸、玉米秸上梢、花生藤、豆荚、玉米穗轴、向日葵盘等。这些饲料含粗纤维多,粗纤维中木质素含量又较高。木质素不仅自身难于消化,而且与硅酸盐类构成镶嵌物质,妨碍消化道对其他养分的消化,所以消化率较低,猪日粮中添加量以 3%~5%为宜。

大豆秸叶少,茎枝和荚皮多,茎基部含多量木质素,营养价值较差,需要粉碎后才能喂猪。蚕豆秸比大豆秸的营养价值高。蚕豆将近成熟时,叶子和枝梢仍保持绿色,摘下来晒干粉碎喂猪,可代替一部分精料。豆荚具有相当的营养价值,蚕豆荚含粗蛋白质8.4%、无氮浸出物 41%;大豆荚含粗蛋白质 6%、无氮浸出物39%,通常要粉碎后煮熟或发酵后喂猪。向日葵盘的营养价值较高,约含粗蛋白质 13%,无氮浸出物42.5%,粗纤维较少,约占18%,粉碎后喂猪效果较好。

禾本科稿秆主要是玉米秸上梢,可以粉碎后喂猪。玉米穗轴粗纤维含量比玉米秸低,粉碎喂猪效果较好。

种过平菇、凤尾菇等食用菌的秸秆培养料(菌糠),因为经过真菌和酶的分解,粗纤维下降 70%,粗蛋白质和粗脂肪增加 1 倍多,经晒干粉碎成细糠,加入饲料中喂猪,可降低成本,增加效益。

我国有很多地区养蚕,可利用蚕沙养猪。在猪的日粮中加入15%蚕沙,日增重可提高 13.3%,成本降低 19.4%。猪的食欲旺盛,贪睡,毛色发亮。

(七)谷实类和糠麸类

谷实类是禾本科作物的子实。猪常用的谷实类饲料有稻谷、玉米、高粱和大麦等。这类饲料含淀粉多,含粗纤维少,含能量高,容易消化。猪的全部生理过程需要能量,猪的生长、繁殖也需要大量的能量。要想高产,必须采用高能量饲料,所以谷实类是猪的主要饲料,一般占日粮的 60% 左右。但是谷实类饲料营养不够全面,含蛋白质少,而且品质较差;磷、钾虽然丰富,但含钙很少;B族维生素含量较多,但胡萝卜素一般较少。喂猪时必须与富含蛋白质、钙和胡萝卜素的饲料配合使用。

稻谷有粗硬的种子外壳,粗纤维含量达 8% 以上,消化能与燕麦近似。砻去稻壳,则粗纤维大幅度下降。稻谷中含粗蛋白质 7% 左右,赖氨酸含量较低,必须与饼粕类及动物性饲料搭配使用。砻糠没有什么营养价值,可以去掉不用。碎米的营养价值接近玉米。

玉米是一种低纤维、高淀粉、适口性很好的饲料。缺点是蛋白质含量低,品质差,特别是赖氨酸、蛋氨酸含量很少,矿物质和维生素不足。黄玉米含胡萝卜素较多,可在猪体内转化为维生素 A。

玉米含脂肪较多,而且不饱和脂肪酸含量较高,故玉米粉容易酸败变质,不宜久存。夏天粉碎后宜 7~10 天喂完。玉米容易受潮发霉,尤以黄曲霉菌和赤霉菌危害较大。仔猪和妊娠母猪较为敏感,中毒仔猪会死亡,常引起妊娠母猪流产及死胎,在生产上应引起注意。

高粱含有丰富的碳水化合物,能量仅次于玉米。高粱含有鞣酸,味苦涩,影响营养物质的吸收利用,喂量过多易引起便秘;其价格便宜,可以搭配使用。如果经加热处理,不会影响营养物质的吸收。

大麦有两种,一种外面有一层硬皮,一种没有硬皮。在能量饲料中,大麦含粗蛋白质为 11%~12%,赖氨酸含量也较高,含粗脂肪较少,用于肥育猪可以获得高质量的硬脂胴体。

糠麸类是谷实类粮食加工后的副产品,营养成分并不比原粮差,但由于粗纤维较多,消化率低于原粮。

小麦麸粗纤维含量较高,因而能量较低,蛋白质含量较高,并含有较多的赖氨酸,B族维生素含量也较高。缺点是钙的含量太少,钙、磷比例极不平衡,用作饲料时要特别注意补充钙。麦麸具有轻泻作用,适于喂母猪,可调节消化道功能,防止便秘。一般喂量为5%～25%,喂量超过30%,将引起排软便,大量干喂也可引起便秘。

米糠是糙米加工白米的副产品。米糠含有较多的脂肪、蛋白质,赖氨酸含量也比较高,但粗纤维的含量也较多。米糠也有钙、磷不平衡和不饱和脂肪酸含量高因而不易保存的缺点。新鲜米糠是猪很好的能量饲料。在生长猪日粮中可以添加10%左右,肥育猪30%左右,但米糠用量过多会导致猪肉胴体质量下降,产生松软猪肉。仔猪喂量应控制在10%以下,否则易导致腹泻。

米糠与砻糠粉碎配成二八糠和三七糠,其结果是把能量饲料降低到粗饲料的水平,对饲料资源的利用有害,这种做法是不合适的。米糠榨油后的副产品为糠饼,实质上是脱脂米糠,除了能量价值降低外,其他方面的作用与米糠相似。

(八)豆类和饼粕类

豆类有两种类型:一是高脂肪、高蛋白质类型,如黄豆、黑豆等;二是高碳水化合物、高蛋白质类型,如蚕豆、豌豆、小豆等。它们共同的特点是高蛋白质。蛋白质是猪最容易缺乏的营养成分,饲料中蛋白质不足,会严重地影响猪的生长。高脂肪豆类一般不直接用作饲料,而是榨油后再用饼粕喂猪。高碳水化合物豆类常用作蛋白质补充饲料。

蚕豆、豌豆、小豆蛋白质含量丰富,脂肪含量很低,煮熟用来喂猪可以生产品质良好的猪肉。

蚕豆含有20%～28%粗蛋白质。但它的适口性差,并含有抗营养因子,如胰蛋白酶抑制因子和单宁,用作猪的饲料效果差。

豌豆是粗蛋白质(23%)和能量(14.23兆焦/千克)的良好来

源。在所有猪日粮中,豌豆可以部分或是完全地替代豆粕,并且在总体生产性能上没有差别。

饼粕类是油料作物的子实提取油分后的副产品,通常溶剂浸提法的副产品通称为粕,压榨法的副产品则称为饼。前者不经高温高压,除了油脂较原料减少外,其他营养成分变化不大;后者常导致蛋白质变性,特别是赖氨酸等受损害最甚。但是高温高压也能破坏棉籽、亚麻籽中的有毒物质。

豆饼含粗蛋白质 40%以上,蛋白质的品质很高,赖氨酸含量较多,除蛋氨酸含量较低外,各种氨基酸极为平衡,是饼粕类中质量很好的蛋白质饲料。

熟大豆饼喂猪,既可提高消化率,也能增强适口性,生大豆饼含有抗营养因子,所以要经过熟化处理。大豆饼在日粮中可占10%～25%,喂量过多会引起消化不良和造成饲料的浪费。

花生饼为脱壳后的花生仁经榨油后的副产品。花生饼含粗蛋白质 41%以上,赖氨酸、蛋氨酸含量较低,精氨酸、亮氨酸含量高。花生饼有甜香味,适口性较好,但极易感染黄曲霉,产生黄曲霉毒素。花生饼贮存时应注意保持低温、干燥,或晒干后用干糠、干玉米埋起来,可较长时间保存不变质。花生饼作为猪的蛋白质饲料,最好与豆粕(饼)、鱼粉等蛋白质饲料搭配使用,并根据猪的饲养标准添加蛋氨酸和赖氨酸。肥育猪的配合饲料中用量占 10%为宜。否则体脂变软,影响胴体品质。哺乳仔猪最好不用,小猪阶段用量宜在 4%以下。

菜籽饼(粕)含粗蛋白质 36%～40%,赖氨酸含量比豆饼低,蛋氨酸含量较高,粗纤维占 10%左右。菜籽饼(粕)含钙、磷较高,磷高于钙,且大部分为植酸磷,能被猪所利用的仅为 1/3,微量元素中铁的含量丰富,其他元素较少。

油菜籽含有硫代葡萄糖苷类化合物,其本身无毒。但油菜籽破碎后,其所含的芥子酶在一定水分和温度条件下,对其水解产生噁唑烷硫酮和异硫氰酸酯等有毒物质,这些物质能引起甲状腺肿大和损伤。异硫氰酸酯具有刺激性气味,严重影响菜籽饼(粕)的适口性,并对肠黏膜有刺激作用。

菜籽饼(粕)在饲喂前最好进行脱毒处理。常用的脱毒方法有:①将菜籽饼(粕)粉碎成面粉状;按1:1加水拌匀后埋入坑内,坑底铺一层麦秸隔土,离坑口约10厘米时铺盖一层麦秸隔土,然后覆土约30厘米,防雨水渗入,经30~60天后,可随取随取或一次取出晒干备用(此法脱毒率近89%);②将菜籽饼(粕)与水按1:6比例,浸泡24小时后换水,连续浸泡换水3次后即可喂猪;③肖军民高级工程师(手机:13802994929或座机020-87095063)研究开发的菜籽饼(粕)生物脱毒技术操作简单,拌入1%菌种,利用水泥地面进行固体发酵,脱毒率达97%以上。经脱毒后菜籽饼(粕)在瘦肉型猪饲料中以1:1的比例替代豆粕,饲喂效果好,无不良反应。

未脱毒的菜籽饼(粕)在猪日粮中的一般用量为:保育猪4%~5%,肥育猪5%~10%。用量过多,会影响保育猪和肥育猪增重和饲料转化率。种猪最好不用,它会影响母猪产仔性能。

棉籽饼(粕)是棉籽榨油的副产品。去壳的棉籽饼(粕)含粗蛋白质40%~44%,未去壳的棉籽饼(粕)含粗蛋白质22%,消化能12.14兆焦/千克,钙、磷含量与豆饼(粕)饲料相当,但因含有毒物质棉酚,若长期喂猪会引起中毒。棉籽饼(粕)在母猪日粮中占5%,生长肥育猪不超过10%。妊娠母猪和种公猪以及幼猪尽可能少喂,最好不喂。棉籽饼(粕)在饲料中用量大时要去毒。其方法:①棉籽饼(粕)加水煮沸1~2小时,冷却后饲喂;②用3%~5%石灰水,或2.5%草木灰溶液浸泡24小时,倒掉浸泡液,用清水洗滤3次即可喂猪;③用1%硫酸亚铁溶液浸泡棉籽饼(粕)24小时,浸泡之后去除浸泡液可直接饲喂。棉籽饼与菜籽粕、豆粕等配合使用,或与动物性蛋白质饲料搭配使用。在配合使用时注意保证猪日粮的蛋白质、维生素及矿物质需要,以达到营养全面。

(九)糟 渣 类

糟渣类是酿造、制粉和制糖的副产品,包括醋糟、酒糟、粉渣、豆腐渣、酱渣等。它们的营养成分差别很大。

酒糟的营养价值由于酿酒原料加工方法不同而有很大差别,比如大麦酒糟的营养价值是番薯酒糟的 2 倍。酒糟干物质中含粗蛋白质 20%～30%,但其蛋白质品质较差。酒糟中含 B 族维生素较多,而缺乏胡萝卜素、维生素 D 和钙,并残留部分酒精。在肥育猪日粮中酒糟用量不要超过 1/3,并注意与其他饲料搭配,保持营养平衡。仔猪、妊娠母猪和哺乳母猪不宜多用,以免引起仔猪腹泻,妊娠母猪出现流产、产死胎、畸形胎和弱胎。一般新鲜酒糟喂猪不宜超过 25%。酒糟含水量高,如放置过久,容易变质,应加入适量糠麸,使其含水量在 70%左右,进行窖贮(方法同青贮)。或放在水泥地面彻底踩实保存,或晒干保存。酒糟发霉结块变质的部分不能喂猪。有些厂家在酿酒时常常掺入不同比例的谷壳以疏松通气,因而使酒糟的营养价值明显降低,质地较硬。用这种酒糟喂猪,应干燥粉碎后再用,否则不易消化。豆类粉渣含有多量品质良好的蛋白质,营养价值较高。薯类粉渣含蛋白质较低。甜菜渣的适口性较好,猪很爱吃。豆腐渣和酱渣含蛋白质较多,而且品质较好。豆腐渣中仍含有少量抗胰蛋白酶,要煮熟再喂。酱渣含食盐较多,不可多喂,以防食盐中毒。

糟渣类喂猪应注意搭配能量、蛋白质、矿物质和维生素等饲料,以保证猪的营养平衡。

(十)动物性饲料

动物性饲料来自肉类加工副产品、鱼和鱼类加工副产品、乳和乳制品以及蚕蛹等。动物性饲料的蛋白质、赖氨酸含量很高。动物性饲料中最大宗的是鱼粉,国产鱼粉的质量标准见表 2-6。

表 2-6　国产鱼粉的国家专业标准　(%)

项　　目	1 级	2 级	3 级	备　注
色　泽	黄棕色	黄棕色	黄褐色	要求颗粒的 98% 能通过 2.8 毫米筛孔
粗蛋白质	≥55	≥50	≥45	
粗脂肪	≤10	≤12	≤14	
水　分	≤12	≤12	≤12	
盐	≤4	≤4	≤4	
沙	≤4	≤4	≤5	

生长肥育猪日粮中加入 5%～7% 鱼粉,可使单位增重的饲料消耗降低 10%～20%;给哺乳母猪加喂 5% 的鱼粉,可明显提高仔猪的断奶重;在公猪饲料中加适量鱼粉,可提高公猪的性欲和精子的活力和数量。

动物性饲料中灰分含量较高,其中钙、磷含量也较高,还含有丰富的维生素 B_{12}。动物性饲料价格较贵,一般用来补充日粮中蛋白质或氨基酸的不足。

蚕蛹含蛋白质高,它的鲜体含粗蛋白质 11.27%。干品中粗蛋白质含量为 68% 左右、赖氨酸 3%、蛋氨酸 1.6%、色氨酸 0.68%、钙 1.3%、磷 0.84%、粗脂肪含量高达 20%。有的资料介绍,在肥育前期添喂蚕蛹,增重效果特别显著。在猪日粮中加入 13% 蚕蛹,可提高日增重 23%。但在肥育后期不要使用,否则影响肉的质量。蚕蛹含碱量大,影响猪体对钙、磷的吸收。从工厂拿回的蚕蛹要进行去碱处理,新鲜蚕蛹要用清水淘洗,使其 pH 值控制在 7 左右。晒干的蚕蛹应放在干燥、通风、阴凉处,防止发生霉变。

血粉含蛋白质 80% 以上,含赖氨酸 7%～8%、色氨酸

1.11％,比鱼粉高,异亮氨酸、蛋氨酸和甘氨酸含量低,矿物质含量较少。用喷雾干燥法获得的血粉消化率高,用凝血块经高温压榨、干燥制成的血粉溶解性差,消化率低。在仔猪日粮中添加1％～3％为宜,在其他猪日粮中一般占5％以内,过多可能引起腹泻。血粉组氨酸含量高,精氨酸含量略低,故血粉与花生饼或棉仁饼配合作为蛋白质补充料时,可收到较好的饲养效果。

由屠宰场、罐头加工厂及其他肉品加工厂的碎肉、肉屑、内脏等制成的产品叫肉粉,若加入碎骨头等下脚料制成的饲料,骨含量大于10％,就叫肉骨粉。肉粉与肉骨粉的营养价值较高。肉粉含粗蛋白质为60％～65％,粗脂肪一般为9％。肉骨粉含粗蛋白质为54％左右。这两种饲料的赖氨酸含量高,B族维生素较高,肉骨粉比肉粉含更多灰分,是钙、磷的良好来源。在猪日粮中肉粉可占10％,肉骨粉用量在10％以下。但因价格贵,一般多添加在哺乳母猪日粮和仔猪日粮中。

(十一)矿物质饲料

猪需要多种矿物质。铁、铜、锌、钴、锰、碘、硒等,需要量很少,称为微量元素,将在饲料添加剂中介绍。钙、磷、钾、镁等需要量较大,称为常量元素,其中钾、镁在各种饲料中已有足够的含量,钙和磷往往含量不足。钙、磷是骨骼、牙齿形成以及各种生理活动所必需的元素。钙、磷缺乏则食欲减退,生长不良,骨质软化。钙和磷是猪必须大量补充的矿物质饲料。

在养猪生产中通常用石粉、贝壳粉、蛋壳粉补充钙。石粉钙含量为38％以上,贝壳粉一般含钙38.6％,蛋壳粉含钙34％左右。磷酸氢钙含磷量在18％以上,含钙量为23％以上,在猪饲料配方上用得较多,作为钙、磷的补充剂。

在矿物质饲料中,猪还需要食盐,可按各种类型猪的饲养标准补充。但必须考虑鱼粉、酱渣中的含盐量,以防食盐中毒。

据有的资料介绍,沸石、麦饭石、膨润土和海泡石等也可用作猪的饲料添加剂。沸石等除可满足猪对微量元素的需要,吸收肠道中的有毒物质外,并有促进钙吸收的功能,从而增进猪的健康,提高生产性能。

1. 沸石 猪饲料主要用斜发沸石和丝光沸石等。在猪日粮中添加5%左右,可提高日增重5%～16%,节约饲料,每增重1千克少耗料0.21～0.39千克。增进健康,除臭,改善环境。

2. 麦饭石 在猪日粮中添加2%以上,可提高猪的健康与生产性能。经中国农业科学院中兽医研究所对14 024头断奶猪的试验,日增重可提高13.98%,饲料转化率可提高34%。

3. 膨润土 是一种黏土型矿物,主要成分是硅铝酸盐。猪日粮中添加1%,日增重可提高3%～5%;曾有人试验加入2%,日增重可提高10%以上。

4. 海泡石 在日粮饲料中加入一定比例的海泡石,日增重可提高8%～20%,节省饲料6%～14%,肥育期缩短20天。

(十二)其他饲料

1. 羽毛粉 含蛋白质达80%以上,比鱼粉的含量还高。在配合饲料中可代替一部分鱼粉。一般用量占日粮的3%。经特殊处理的羽毛粉,蛋白质消化率可达80%～90%,用常规法处理的羽毛粉,蛋白质消化率仅有30%左右。羽毛粉制作方法如下。

(1)蒸煮法 收集家禽羽毛,经晒干后用水漂洗干净,沥干水分。用普通高压锅将沥干的羽毛在245千帕的压力下蒸煮1小时,然后捞起晾干。

(2)酸煮法 每千克羽毛浸入4～5千克20%的稀盐酸内,置于锅中加盖煮,不断搅拌。当羽毛一拉即断时捞出,再用清水充分漂洗,除去盐酸。

将蒸煮或酸煮过的羽毛用烘干设备烘干,或置于阴凉通风处晾干,使含水率降至 25%～30%,利用粉碎机加工成粉末即为成品。

2. 蔗糖滤泥　我国南方有几个省、自治区种甘蔗,蔗糖滤泥资源丰富。据资料报道,滤泥内含有粗蛋白质 13.14%、粗脂肪 8.15%、粗纤维 8.21%、无氮浸出物 43.39%,并含有其他微量元素。在日粮中加入 8% 的蔗糖滤泥喂猪,日增重及饲料报酬与对照组基本一致。

二、饲料的加工

精、粗饲料粉碎后能提高饲料的适口性和消化率。干草和秸秆质地坚硬,猪采食很困难,谷实类饲料整粒饲喂不易消化,致使利用率降低。特别是大麦和燕麦,因种子外壳很难被消化吸收,粉碎才有利于猪的消化。据试验,在粉碎的饲料中,放一些玉米颗粒,猪吃后几乎整粒排出。据报道,用整粒大麦喂猪,其消化率为 67%,粗磨后消化率为 81%,细磨后消化率可提高到 85%。猪在消化饲料过程中要消耗大量的热能,粉碎与不粉碎,其消耗的热能不一样。如猪消化不粉碎的禾本科干草,需热能为 8.96 兆焦/千克饲料;而消化粉碎后的禾本科干草,只需 5.02 兆焦/千克饲料。

饲料粉碎要细,特别是粗饲料越细越好,便于发酵、变糟、糖化,有利于提高饲料消化率。经过粉碎的饲料,调制成配合饲料喂猪,改变用子实类饲料煮熟喂猪的旧习惯,既可提高饲料的营养价值,又可节省燃料、劳力和时间。

三、配合饲料

(一)商品饲料的种类

1. 饲料添加剂 饲料添加剂也叫预配添加剂、添加剂预混料、添加剂预配料。它是以一种或多种添加剂,如多种维生素添加剂、多种微量元素添加剂、氨基酸添加剂、抗菌药物添加剂等,按一定配方配制成的。它在日粮中占的比例很小,在配制过程中要用载体,如脱脂米糠、玉米粉和石粉等。

2. 浓缩饲料 浓缩饲料是用上述添加剂预混料与蛋白质饲料、常量矿物质饲料混合而成。其中蛋白质饲料是根据不同需要,用饼粕类饲料和鱼粉、血粉等动物性饲料配合而成。

3. 全价配合饲料 配合饲料是用上述浓缩饲料与能量饲料配合而成。能量饲料指各种谷实饲料以及薯干、米糠、麦麸等。在配合饲料中能量饲料所占比例最大。

(二)配合饲料的优越性

根据我们的体会,单一饲料很难满足猪的营养需要。要按照猪对多种营养物质的需要,用多种饲料如玉米、稻谷、小麦、米糠、麦麸,以及花生、大豆、芝麻、棉籽的饼(粕)和鱼粉等,加上矿物质饲料、维生素饲料来做配合饲料。由几种饲料以不同的比例配合而成的含营养物质较全面的饲料,再补充饲料添加剂,猪就能养得好,饲料报酬高,增重快并节省饲料。用配合饲料喂猪与用单一饲料喂猪相比较,一般可节约精饲料 25%~30%,饲养周期可缩短将近一半。25 千克重的猪,只要养 100 天左右,就可达到 90~100 千克。每增重 1 千克,只需要配合饲料 3.5 千克左右,比老办法饲养节约精饲料。

(三)因地制宜选择饲料配方

我们认为,广大农户要有自己的饲料配方。由于各地气候条件不同,土壤情况不同,作物品种、种植方法不同,施肥不同,所以饲料营养成分差异较大。因此,各地应从实际情况出发,通过对比试验,摸索出猪的饲料配方。猪在生长过程中,需要几十种营养物质,最主要的是能量物质、蛋白质、矿物质、维生素、水等。蛋白质是组成肌肉、内脏、皮毛、骨骼、血液的主要成分,是猪必需的营养成分。碳水化合物能产生热能以维持体温及体内外的各种功能活动,当体内碳水化合物多余时,就转化为脂肪贮存起来,这就是大猪多吃碳水化合物能尽快肥育的道理。因此,要了解各种饲料的作用,调整能量饲料与蛋白质饲料的比例。要有计划地种植青饲料和多汁饲料,以节省饲料开支,增加养殖收益。

猪的品种、用途、生长阶段不同,所需的营养也不同。根据猪的生长特点,蛋白质水平和能量高低都要按照猪的饲养标准配合。我们在全国9个省、自治区、直辖市,进行快速养猪法和复合添加剂的试验,共有17个点,6个猪的品种,310头猪。日粮中粗蛋白质含量为17%,消化能13兆焦/千克,40～90千克阶段,平均日增重800克左右。

(四)配合饲料的配制技术

1. 饲料配合的原则

第一,所选饲料要适合猪的特点,能满足猪对各种营养物质的需要。

第二,应以当地常用的多种饲料配合,能量饲料要3种以上,蛋白质饲料要2种以上,这样才能营养互补,促进食欲,使猪生长得快。

第三,注意饲料的适口性,尽可能配合成适口性好、容易消化的日粮。猪喜欢吃的饲料,一般是香味浓郁的多汁饲料和有甜酸芳香味的青贮饲料。

第四,日粮的体积要适当,适合猪消化道的容量,这样才有利于消化吸收。

第五,尽量选用营养丰富、价格低廉的饲料。

第六,含有有毒物质的饲料,如棉籽饼和菜籽饼,未去毒之前,要控制用量,不能高于 5％。发霉变质的饲料,坚决不用。

2. 日粮配方的计算方法　饲料配方的计算方法很多,这里仅介绍方块法或称对角线法。以 35～60 千克肥育猪配方为例,用对角线法计算步骤如下。

第一步,确定饲料的营养水平。查本书附录一,生长肥育猪每千克饲料中养分含量,得知 35～60 千克肥育猪的营养水平是每千克饲料中含消化能 13.39 兆焦、粗蛋白质 16.4％。

第二步,列出现有饲料的养分含量。查本书附录二,得知玉米、稻谷、麸皮、豆饼每千克的消化能分别为 14.27 兆焦、11.25 兆焦、9.37 兆焦和 14.39 兆焦,粗蛋白质分别为 8.7％,7.8％,15.7％,41.8％。

第三步,先配制混合物一和混合物二,使两种混合物的消化能都是 13.39 兆焦,而粗蛋白质则是一种高于 16.4％,一种低于 16.4％。

计算消化能时,把两种饲料消化能含量写于左侧,所需的13.39 兆焦写在中间,在两条对角线上做减法,大数减小数,得数是平行线上饲料的份数。

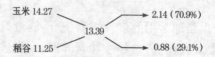

右侧的 2.14 与 0.88 相加为 3.02。2.14 占 3.02 的 70.9％,

0.88占3.02的29.1%。即混合物一中玉米占70.9%,稻谷占29.1%。这种混合物所含粗蛋白质为:(玉米中粗蛋白质含量)8.7×(玉米的比例)70.9%+(稻谷中粗蛋白质含量)7.8×(稻谷的比例)29.1%=8.44。

再用相同的方法计算混合物二。

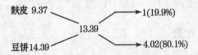

混合物二中粗蛋白质含量为:(麸皮中粗蛋白质含量)15.7×(麸皮比例)19.9%+(豆饼中粗蛋白质含量)41.8×(豆饼的比例)80.1%=36.6。

第四步,用这两种混合物配制含粗蛋白质16%的饲料。

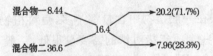

第五步,计算配方中4种饲料的百分比。

玉米70.9%×71.7%=50.84%

稻谷29.1%×71.7%=20.86%

麸皮19.9%×28.3%=5.63%

豆饼80.1%×28.3%=22.67%

计算结果是用玉米50.84%,稻谷20.86%,麸皮5.63%,豆饼22.67%。配合的饲料符合每千克含消化能13.39兆焦、粗蛋白质16.4%的要求。

四、饲料添加剂及其作用

饲料添加剂包括微量元素、维生素、氨基酸、抗菌抗寄生虫药物以及抗氧化剂等。

猪生长发育需要许多种营养物质,单靠基础饲料,或者不能完全包括,或者含量不足。这就需要针对当地饲料中营养物质的含量,把缺乏的成分和不足的部分,用饲料添加剂的形式补充进去,满足猪正常生理活动需要和生长发育的需要。必要的饲料添加剂可以提高猪的增重和饲料报酬,增加经济效益。

(一)微量元素

一些微量元素是猪正常生理活动和生长发育所必需的。补充微量元素是充分发挥养猪业生产潜力的一项措施。不接触土壤的猪群,添加微量元素尤其必要。微量元素可以工厂化生产,来源丰富,价格便宜,容易采用。必需的微量元素有铁、铜、锌、钴、锰、碘和硒等。

1. 铁　铁在一般植物中含量都不多,豆科植物和青饲料中铁的含量相对多些。成年猪对铁的需要量很低,一般不会缺铁,但仔猪在哺乳期间由于乳中缺铁,常引起贫血症。饲料中添加铁的数量,可以按每吨饲料应含铁 140 克,减去基础饲料中含铁量,差值就是添加量。一般添加铁的化合物为硫酸亚铁。

2. 铜　铜和铁一样,也是预防贫血所必需的元素。猪对铜的需要量是每吨饲料中含铜 6 克,如不足此量可添加硫酸铜补足。

3. 锌　锌在猪的饲养中有很重要的作用,在饲料中添加锌能防治不全角化症。锌的需要量受饲料中其他元素,特别是钙的影响。猪对锌的最低需要量是每吨饲料中含锌 100 克,不足部分可添加硫酸锌补足。

4. 钴　钴是维生素 B_{12} 的组成成分,在蛋白质代谢中起重要作用。猪对钴的需要量为每吨饲料含钴 0.3 克,如不足可添加氯化钴补充。钴在刺激肉猪生长、提高饲料报酬方面有重要的作用。

5. 锰　锰是合成硫酸软骨素所必需的元素,对猪的生长、繁殖和泌乳都有密切的关系。生长猪、公猪对锰的需要量不低于每吨饲料含锰 4 克,小母猪则为 2 克。

6. 碘 碘是构成甲状腺素的重要成分,饲喂低碘饲料会使猪发生甲状腺功能减退症。猪对碘的需要量为每吨饲料 0.14 克,如不足可添加碘化钾或饲喂碘化食盐。据报道,体重 45~50 千克的猪,每头每日添喂碘化钾 0.5 毫克。

7. 硒 硒在保持体内稳定和免疫机制方面有微妙的作用,是一种必需的元素。在饲粮中补硒可提高猪对各种营养物质的消化吸收,如蛋白质的消化率提高 3%~6%,脂肪的消化率提高 2%~3.5%,纤维的消化率提高 1%~4%,氮的利用率提高 3.5%~7.5%。缺硒会导致微血管病、肌肉萎缩和水肿、肝脏出血坏死、免疫功能障碍等。母猪缺硒可导致分娩后发情紊乱,不妊娠,甚至造成残废,出现繁殖障碍,新生仔猪虚弱等。硒能促进乳腺组织发达,分娩后产奶量增加,从而改善乳质。我国黑龙江、辽宁、吉林、内蒙古、河北、河南、山东、山西、陕西、甘肃、宁夏、四川、云南、湖北、西藏、浙江、江苏等省、自治区的部分地区缺硒。猪对硒的需要量为每吨饲料含硒 0.15 克,而黑龙江省鹤岗市萝北县产的玉米中每吨只含 0.0046~0.0114 克,豆饼中含 0.0146~0.0149 克,麦麸中含 0.0105~0.0141 克,严重地缺硒。饲料中硒含量不足部分可添加亚硒酸钠补足。湖北恩施、陕西紫阳、北京市和成都部分地区为高硒地区,应区别对待。

(二)维 生 素

维生素在饲料中只占很少一部分,但是猪的新陈代谢、生长繁殖、感官活动、神经功能等都和维生素有密切关系。

1. 维生素 A 维生素 A 能保护表皮组织、促进细胞新生和血液生成,预防夜盲症,是猪体正常生长发育所必需的。猪对维生素 A 的需要量,标准不一:美国标准每千克饲料中含量,怀孕母猪和种公猪 4 000 单位,泌乳母猪 2 000 单位。仔猪 1～10 千克体重时 2 200 单位,10～20 千克体重时 1 750 单位;生长肥育猪 20～100 千克体重时 1 300 单位。欧洲标准要高得多,仔猪 2 400 单位,生长肥育猪 8 000 单位,怀孕和泌乳猪 16 000 单位。植物中的胡萝卜素在猪体内可以被吸收并转化为维生素 A。

2. 维生素 D 维生素 D 可抗佝偻病,与猪对钙、磷的代谢有关。猪对维生素 D 的需要量为每千克饲料中含 200 单位。欧洲的标准要高得多,即仔猪 2 000 单位,生产肥育猪和怀孕泌乳猪 1 000 单位。饲养于不见阳光条件下的猪,添加维生素 D 是很必要的。

3. 维生素 E 维生素 E 和猪的繁殖密切相关,同时对细胞膜有保护作用。维生素 E 缺乏时,公猪性欲下降,精子数量减少,活力降低;母猪不孕或胎儿发育不正常、流产、死胎、产仔数减少;还会影响机体的代谢,肌肉萎缩变白,出现白肌病。繁殖母猪对维生素 E 的需要量,为每千克饲料 40 单位。在饲料中只有小麦和麦麸含量能达到需要量,其他饲料的含量都不足,而且谷物潮湿发霉还能使饲料中的维生素 E 受到破坏。所以有必要在饲料中添加维生素 E。

4. 维生素 B_1 维生素 B_1 能促进生长发育,促进糖类代谢,保护神经组织,维护心脏功能。猪对维生素 B_1 的需要量为每千克饲料 1～3 毫克。植物性饲料中几乎都含有维生素 B_1,特别是糠麸类饲料含有较多维生素 B_1。

5. 维生素 B_2 维生素 B_2 能促进能量释放和具有营养素的同化作用,提高饲料利用率。猪对维生素 B_2 的需要量为每千克饲料含量 3 毫克。

6. 维生素 B_6 色氨酸的正常代谢需要维生素 B_6。仔猪对维生素 B_6 的需要量为每千克饲料 2.8 毫克,生长肥育猪为 3～6 毫克,母猪 3 毫克。

7. 维生素 B_{12} 维生素 B_{12} 为猪生长繁殖所必需,对仔猪有促进生长发育的作用。猪对维生素 B_{12} 的需要量,1~10 千克体重仔猪,每千克饲料 20 微克;10~20 千克体重阶段,每千克饲料 17.5 微克;20~100 千克体重阶段,每千克饲料 11 微克。

8. 泛酸　泛酸与新陈代谢有关。生长肥育猪对泛酸的需要量为每千克饲料 7~12 毫克,泌乳母猪饲料为 12 毫克/千克。

9. 烟酸　烟酸又叫尼克酸、维生素 PP,缺乏时引起皮肤粗糙。生长肥育猪对烟酸的需要量大致为每千克饲料 7.5~20 毫克。谷物及其副产品中的烟酸呈结合状态,不能被利用。色氨酸在满足合成蛋白质的需要后,多余的可转化为烟酸,约 50 毫克色氨酸生成 1 毫克烟酸。应用色氨酸可预防烟酸缺乏症。

10. 叶酸　缺乏叶酸会使猪生长缓慢。生长肥育猪对叶酸的需要量约每千克饲料 0.9 毫克,泌乳母猪饲料为 1.35 毫克/千克。

11. 胆碱　胆碱与脂肪代谢有关。母猪缺乏胆碱时,受胎率下降,泌乳减少,所产的仔猪可能患后肢外张症,仔猪成活率降低。生长肥育猪每千克饲料中胆碱的需要量为 0.3~0.6 克,幼乳母猪饲料为 1 克/千克。

12. 维生素 K　维生素 K 是制造凝血酶的原料。猪的需要量为每千克饲料 0.5 毫克。

13. 维生素 C　维生素 C 可防止坏血病和某些传染病感染。猪对维生素 C 的需要量,每千克饲料中仔猪料为 36 毫克,生长肥育猪料为 30 毫克。公猪每天喂 1~4 克维生素 C,可以提高精液质量。

农村养猪可充分利用青饲料补充维生素。养猪专业户用大量青饲料来源困难,可根据猪的不同品种、不同生长发育阶段,科学选择维他胖、泰德维他-80、法国肥、保健素、强壮素等。从市场购买猪复合维生素预混料,要注意生产日期,贮存时间不宜超过 3 个月。在猪处于高温、严寒、疾病和接种疫(菌)苗等情况下,饲料中维生素的添加量应高于饲养标准中规定的需要量,超量添加幅度为 5%～10%。

(三)氨 基 酸

养猪不仅要求饲料中有一定数量的蛋白质,而且还要求有一定质量的蛋白质。蛋白质的质量是由所含必需氨基酸的量及其平衡情况决定的。通常动物性饲料较植物性饲料含必需氨基酸多,而且种类齐全。而植物性饲料中大多数缺乏动物必需的赖氨酸、蛋氨酸和色氨酸。特别是正在成长的猪,对赖氨酸需求量大。在饲料中,尤其是低蛋白质的饲料中添加赖氨酸,能起很好的作用。在喂植物性饲料的情况下,添加这类氨基酸能满足猪的需要,可以有效地提高饲料报酬和生长速度。

在 1 000 千克饲料中加入 1～3 千克赖氨酸喂猪,可使猪日增重提高 15%～25%,减少饲料消耗 15%～20%。据有关资料报道,在粗蛋白质水平为 13%的基础日粮中,加入 0.15%的蛋氨酸,仔猪日增重与用含 15%的粗蛋白质水平日粮喂猪效果相同,且可提高瘦肉率。

(四)药物添加剂

为了防止猪发生传染病和寄生虫病,可以选用适当的药物作为添加剂使用(表 2-7)。在饲料中添加抗菌药物,能加速仔猪的成长,提高饲料报酬。

表 2-7 允许在无公害饲料中使用的药物饲料添加剂

(NY 5032-2001)

类 别	饲料添加剂名称
着色剂 6 种	β-阿朴-8'-胡萝卜素醛,辣椒红,β-阿朴-8'-胡萝卜素酸乙酯,虾青素,β,β-胡萝卜素-4,4-二酮(斑蝥黄),叶黄素(万寿菊花提取物)

四、饲料添加剂及其作用

调味剂、香料 6 种（类）	糖精钠,谷氨酸钠,5'-肌苷酸二钠,5'鸟苷酸二钠,血根碱,食品用香料均可作为饲料添加剂
黏结剂、抗结块剂和稳定剂 13 种（类）	α-淀粉,海藻酸钠,羟甲纤维素钠,丙二醇,二氧化硅,硅酸钙,三氧化二铝,蔗糖脂肪酸酯,山梨醇酐脂肪酸酯,甘油脂肪酸酯,硬脂酸钙,聚氧乙烯 20 山梨醇酐单油酸酯,聚丙烯酸树脂Ⅱ
其他 10 种	糖萜素,甘露低聚糖,肠膜蛋白素,果寡糖,乙酰氧肟酸,天然类固醇萨洒皂角苷(YUCCA),大蒜素,甜菜碱,聚乙烯聚吡咯烷酮(PVPP),葡萄糖山梨醇

名 称	含量规格	用法与用量 （1000 千克饲料中添加量）	休药期 （天）	商品名
杆菌肽锌预混剂	10%或 15%	4～40 克（4 月龄以下）,以有效成分计	0	
黄霉素预混剂	4%或 8%	仔猪 10～25 克,生长肥育猪 5 克,以有效成分计	0	富乐旺
维吉尼亚霉素预混剂	50%	20～50 克	1	速大肥
喹乙醇预混剂	5%	1000～2000 克,禁用于体重超过 35 千克的猪	35	快育灵
阿霉拉霉素预混剂	10%	4 月龄以内 200～400 克,4～6 月龄 100～200 克	0	效美素
盐霉素钠预混剂	5%、6%、10%、12%、45%、50%	25～75 克,以有效成分计	5	优索精赛可喜
硫酸黏杆菌素预混剂	2%、4%、10%	仔猪 2～20 克,以有效成分计	7	抗敌素

续表 2-7

名　称	含量规格	用法与用量 （1000 千克饲料中添加量）	休药期 （天）	商品名
牛至油预混剂	2.5%	用于预防疾病 500～700 克；用于治疗疾病 1000～1300 克，连用 7 天；用于促生长 50～500 克		若必达
杆菌肽锌、硫酸黏杆菌素预混剂	杆菌肽锌 5%、硫酸黏杆菌素 1%	2 月龄以下 2～40 克，4 月龄以下 2～20 克，以有效成分计	7	万能肥素
土霉素钙	5%，10%，20%	10～50 克（4 月龄以内），以有效成分计		
吉他霉素预混剂	2.2%，11%，55%，95%	促生长 5～55 克；防治疾病 80～330 克，连用 5～7 天。以有效成分计	7	
金霉素预混剂	10%，15%	20～75 克（4 月龄以内），以有效成分计	7	
恩拉霉素预混剂	4%，8%	2.5～20 克，以有效成分计	7	

能加速仔猪的成长，提高饲料报酬。

在附录一《猪的营养需要》（NY/T 65-2004）中，各种维生素量都是最低需要量，饲料中原有含量可作为安全量，标准中的规定量可作为补充添加量。

（五）饲料保存剂

饲料保存剂是指抗氧化剂和防霉剂（防腐剂）。由于子实颗粒被粉碎后，丧失了种皮的保护作用，极易氧化和受霉菌污染。因此,抗氧化剂和防霉剂一直受到饲料厂的重视。在配合饲料中主要应用的抗氧化剂有山道喹、二丁基羟基甲苯和丁羟基茴香醚 3 种。防霉剂有丙酸、丙酸钠、丙酸钙、山梨酸、异丁酸和其他有机酸,以前 3 种应用得最为普遍。

(六)饲料脱霉剂——霉可脱

高温高湿季节,是玉米等饲料霉变高发期。饲料轻度霉变往往不易被发现。猪采食被霉菌毒素污染的饲料将导致生产性能下降,使免疫受到抑制,严重影响猪的抵抗能力,致使免疫失败,疾病发生,效益降低。为了防止霉菌毒素发生危害,可在日粮中添加 1.5%～2%霉可脱,能吸附黄曲霉毒素和其他有害毒素,改善饲料品质,提高饲料利用率。

(七)断奶安

本品含有多种维生素、微量元素、电解质、氨基酸、高效复合抗生素、中草药、消化酶等。本品可调节仔猪电解质平衡,增强免疫力、抵抗力和抗应激能力,可防治仔猪腹泻、仔猪断奶引起的各种应激、免疫力降低和生长抑制,从而提高仔猪食欲、增重和饲料利用率。

用法用量:每吨乳猪料添加 2 千克。从断奶前两天开始,连续使用到断奶后 7 天。通常按 2 克/头,或按饲料的 1%拌入仔猪料喂饲。治疗仔猪腹泻时,按 4～6 克/头日剂量拌料喂饲。

(八)微生态制剂

微生态制剂是近些年发展起来的一种新型的饲料添加剂,无毒副作用,无耐药性,无药物残留,具有保健、促进生长、提高饲料利用率等功效,作为一种可望取代抗生素的天然的生物活性制剂,是当前的新型绿色饲料添加剂。目前配合饲料中添加微生态制剂主要是三种类型。

1. **乳酸菌类**　目前主要应用的有嗜酸乳杆菌、粪链球菌、双歧乳杆菌等。

2. **芽孢杆菌类**　芽孢杆菌是好氧菌，可形成内生孢子，主要应用有芽孢杆菌、短小芽孢杆菌、枯草芽孢杆菌和蜡样芽孢杆菌等。

3. **酵母菌类**　酵母菌仅零星存在于动物胃肠道微生物群落中，主要应用有酒酵母和石油酵母等。有报道称，仔猪从出生后1～2天开始直接喂益生素可使仔猪成活率提高4％～5％，并且可显著提高仔猪日增重和饲料报酬。在母猪日粮中添加益生素可增加肠道内挥发性脂肪酸和细菌发酵终产物的产量，有利于母猪养分利用和产奶量的增加。

(九)酸 化 剂

在断奶仔猪日粮中添加1％～2％柠檬酸和延胡索酸，可提高饲料利用率5％～10％，提高增重4％～7％，降低仔猪腹泻率20％～50％，仔猪日粮加酸的效果与酸化剂的种类、添加量和饲粮类型有关。延胡索酸适宜添加量为饲粮的2％～3％，柠檬酸为1％。而以乳酸为基础的复合酸化剂，添加量为0.1％～0.3％。从饲粮类型看，全植物性饲粮酸化的效果比含大量动物性饲料的效果要好。

第四章　种猪、仔猪和生长肥育猪的饲养管理

实行快速养猪,不仅要选择优良种猪,应用配合饲料和添加剂,而且要加强科学饲养管理。

一、种公猪的饲养管理

优良种公猪的要求是体躯长,背腰平直,胸部宽而深,腹部紧凑,臀部宽广,四肢粗壮、正直、长短适中、强健有力,睾丸发育良好,饱满突出,左右两睾丸对称、大小一致。奶头6对以上,头部大小适中。饲养户的公猪必须是从种猪场购买、经选育的优良瘦肉型公猪。

种公猪的体质好坏,直接影响母猪的产仔数和后代仔猪的品质。1头成年公猪采用本交的方法,1年可以配30～40头母猪,繁殖几百头仔猪。如果采用人工授精方法,1头成年公猪1年可以配几百头母猪,繁殖几千头仔猪。所以,养好种公猪,提高公猪精液的品质和数量,直接关系到母猪产仔数和仔猪成活率。

在饲养公猪时,必须时刻注意它的营养状态,使之长年保持健康结实、性欲旺盛,保证公猪产生优质精液。过肥的公猪整天睡觉,性欲减弱,配种能力降低。这种情况的发生,多数是由于喂猪的饲料营养不够全面。为满足种公猪对能量和各种营养物质的需要,应按饲养标准配合日粮。我国2004年发布的《猪饲养标准》规定,配种公猪每千克饲料养分含量,消化能为12.95兆焦,粗蛋白质13.5%,钙0.7%,磷0.55%。日采食量为2.2千克左右。使用公猪饲养标准,要正确理解,灵活应用,配制适于不同阶段种公

猪生长和生产的饲粮。饲养标准注明配种前 1 个月，在标准基础上增加 10％～25％；冬季严寒期，在标准基础上增加 10％～20％。也就是说，对配种期的成年公猪，日喂风干饲料 2.42～2.75 千克，粗蛋白质含量不低于 13.5％，一般为 16％～18％；冬季日喂料应增至 2.42～2.64 千克。

　　如果不按种公猪饲养标准配料，饲料过于单纯，含碳水化合物的饲料较多，含蛋白质、矿物质和维生素的饲料不足，再加上运动不够，会引起种公猪过肥或过瘦。种公猪过肥时，应及时减少含碳水化合物多的饲料，增加蛋白质饲料和青绿多汁饲料，并加强运动。如果公猪太瘦，则说明营养不足或使用过度。用这种公猪来配种，射精量太少，精液品质差，母猪受胎率低。出现这种情况时，须及时调整饲料，加强营养，减少交配次数。

　　种公猪的日粮必须以精料为主，适当搭配青饲料，少用含碳水化合物多的饲料，防止猪体过肥，更不要喂太多的粗饲料，以免把公猪肚皮撑得过大，妨碍配种。种公猪典型饲料配方见表 4-1。

表 4-1　种公猪饲料配方

饲料及其营养成分	饲料配方（％）						
	1	2	3	4	5	6	7
玉　米	28.9	43	49	50	43	60	64
大　麦	—	35	10.9	10	28	19	4.2
小麦麸	10.8	5	15.1	15	7	5	—
豆　饼	13.8	8	7.6	7.4	8	5	28.3
鱼　粉	—	—	3	3	6	7	1
干草粉	—	—	—	—	6	—	—
槐叶粉	—	8	—	—	—	—	3

续表 4-1

饲料及其营养成分	饲料配方(%)						
	1	2	3	4	5	6	7
高　粱	4.6	—	13	13	—	—	—
葵花籽饼	4.6	—	—	—	—	—	—
青贮玉米	16.1	—	—	—	—	—	—
酒精糟	18.1	—	—	—	—	—	—
石　粉	—	—	—	0.5	—	—	—
食　盐	0.5	0.5	0.4	0.4	0.5	0.5	0.5
骨　粉	1	—	—	0.7	1.5	—	2
贝壳粉	0.6	0.5	—	—	—	0.5	—
微量元素添加剂	1	—	1	—	—	—	—
合　计	100	100	100	100	100	100	100
营养水平							
消化能(兆焦/千克)	12.18	12.18	13.25	12.26	12.68	12.75	13.73
粗蛋白质(%)	13.3	12.7	13.3	13.3	15.5	15.2	15.96
钙(%)	0.67	0.59	0.2	0.66	0.84	0.86	0.76
磷(%)	0.59	0.47	0.46	0.56	0.68	0.47	0.59
赖氨酸(%)	0.99	0.55	0.56	0.56	0.8	0.77	—
蛋+胱氨酸(%)	0.47	0.33	0.43	0.43	0.4	0.38	—

引自王克健．猪饲料科学配制与应用．金盾出版社,2010

公猪精液中干物质占 5%,其中蛋白质占 3.7%,约占干物质的 74%。日粮中蛋白质对精液数量的多少和质量好坏,对精子寿命长短都有很大的影响。因此,种公猪日粮中必须含有足够优质蛋白质饲料,才能产生大量品质优良、活力强的精子。在配制公猪日粮时,必须选择多品种蛋白质饲料。由于动物性蛋白质饲料(如鱼粉、肉粉)生物学价值高,氨基酸含量平衡,适口性好,并且含核蛋白,核蛋白可促进精子的形成。有条件的地区,在公猪饲料配方中不应缺少鱼粉,尤其是进口优质鱼粉,一般用量占公猪饲料总量5%～8%。实在无鱼粉,可用鲜鱼虾和蚕蛹等代替。酵母同鱼粉有同样的作用。

无机盐、维生素也对公猪精液品质有很大影响。日粮中钙、磷缺乏或二者比例失调,会使精液品质显著降低,出现较多发育不全、畸形、活力不强和死亡的精子;同时也会影响到种公猪的食欲、体况和繁殖力。因此,在公猪日粮中要保持足够的钙、磷,而且,要保持二者之间的相互平衡。种公猪日粮中的钙、磷比以 1.3∶1 为最佳。如果使用磷酸氢钙配合饲料占比例为 1.3%～2%,石粉1%左右。选购磷酸氢钙时要低氟低铅的,防止氟、铅含量过高造成蓄积性中毒,影响公猪健康。如果公猪日粮中缺乏维生素 A、维生素 D、维生素 E 时,种公猪的性反射减弱,精液品质下降。如果长期缺乏,会使公猪睾丸生理功能减退,使睾丸肿胀或干枯萎缩,丧失繁殖能力。缺乏维生素 D 会影响机体对钙、磷的代谢与利用,间接影响精液品质。因此,公猪饲料中多添加复合维生素,或给公猪饲喂青绿多汁的青饲料,如饲喂胡萝卜、南瓜、甘薯藤、苜蓿和三叶草等,每天喂 2.5 千克。有条件的,可以每天喂些大麦芽。麦芽长度以 3～4 厘米为好,每头公猪每天喂 200～300 克,补充维生素E。公猪应常年保持七八成膘,不宜过肥或过瘦。种公猪体况判定方法是通过观察猪的外观,既看不到骨骼轮廓(髋骨、脊柱、肩胛等),又不能过于肥胖,用手稍用力触摸猪背部,可以触摸到脊柱为宜。

种公猪的圈舍要冬暖夏凉,保持干燥、清洁。冬季猪舍温度不低于 5℃,夏季应控制在 30℃ 以下。夏季当猪舍的温度高于 30℃时,加上高湿的影响,种公猪易发生中暑,出现不爬跨或射精时间短等性功能减退现象,严重者还出现死精或精子畸形率增加。因此,在炎热的夏季要注意遮阳、通风、洒水,最好设有淋水装置。在公猪的屋面和小运动场安装喷雾水管和水嘴,进行喷雾降温。有条件的地方还应考虑安装调速电风扇,加强空气对流,降低猪舍温度。还可饲喂粥料,补充清凉饲料,口服补液盐水,对提高公猪精液品质均有良好作用。要加强日常管理,妥善安排饲喂、饮水、运动、休息、配种(或采精)、刷拭、洗浴等活动日程,形成制度,不要轻易变动,使公猪养成良好的习惯。配种(或采精)宜早、晚饲喂前进行。配种后不得立即饮水、洗浴和饲喂。公猪要单圈饲养,减少性刺激。除配种时间外,做到种公猪嗅不到母猪气味、听不到母猪叫声、看不到母猪模样,不准把母猪放到公猪圈配种。种公猪日喂3次,以喂生湿料另饮水为好,不要喂稀料。

适宜的运动,可以促进种公猪的新陈代谢,增进食欲,增强体质,同时还可以提高精液品质。因此,应在猪栏外设运动场,让其自由活动,最好在每天早晨喂后和下午喂前,将公猪赶到圈外驱赶运动2次,每次1小时左右,运动距离应不少于1.5~2千米,运动要采取先慢、中快、后慢的节奏。夏天可以利用早晚凉爽的时间活动,冬天应当在中午活动,雨天、雪天和大风天应停止运动。此外,要经常刷拭,保持皮肤清洁,促进血液循环。蹄形不正或蹄甲过长时,应及时修剪。为防止公猪咬架和伤人,犬齿(尖牙)应锯掉,每年锯1次。

经常检查公猪精液品质,最好10天检查1次。精液量少、精子密度低,通常与营养水平低、采精或配种频率高有关;精子活力差、畸形率高,一般与营养水平低或营养不平衡、健康状况差有关。根据精液品质的好坏,及时调整营养、运动和利用程度,这是保证公猪具有种用体况和提高受胎率的重要措施之一。

种公猪要合理利用。初配月龄:北方地方猪种,8月龄,体重80千克左右;南方早熟猪种,6~7月龄,体重65千克左右;瘦肉型纯种猪,10~12月龄,体重90千克以上。后备公猪使用过早,会明显降低受胎率和产仔数。据报道,瘦肉型纯种公猪不满 9 月龄配种,受胎率很低,不足 12 月龄配种,窝产活仔数也很低。种公猪的使用年限一般为 3～4 年(4～5 岁),2～3 岁正值壮年,4 岁以上的为老年公猪。

种公猪的利用强度,本交时,老年公猪则日配 2 次,连续 3 天休息 1 天。成年公猪高,每天配种 1 次,连配 2 次休息 1 天。青年公猪高强度利用,每天配种 1～2 次,连配 2～3 天休息 1 天;中强度利用,每 2 天配种 1 次。人工授精时,成年公猪每 2 天采精 1次,青年公猪每 3 天采精 1 次。种公猪的过度使用,会影响以后的使用价值,过早结束 1 头公猪的使用年限。

种公猪在交配或采精频率过高时,会引起突然无精或死精。治疗方法可用丙酸睾丸素(每毫升含丙酸睾丸素 25 毫克)1 次颈部肌内注射 3～4 毫升,每 2 天 1 次,4 次为 1 个疗程,并辅以饲养管理,1 周后可恢复正常。

种公猪无性欲,经诱情也无性欲表现,可应用甲基睾丸素片口服治疗,日用量 100 毫克/头,分两次拌入饲料中喂服,连续 10 天,性欲即可恢复。采用人工授精的公猪,配种任务少时,也必须每周定期采精 1 次,以保持其性欲旺盛。

二、母猪的饲养管理

(一)后备母猪的饲养管理

我国地方猪种资源非常丰富。这些品种猪瘦肉率低,生长速度慢,却具有繁殖率高、产仔多、母性好、泌乳量高、适应当地饲料和气候条件、抗逆性强、耐粗饲、肉质细嫩、早熟、性情温驯等许多优点。用作繁殖母猪,与瘦肉型公猪杂交(二元或三元杂交),把母本繁殖力高、耐粗饲、肉质好的特点与父本瘦肉率高、生长速度快、饲料报酬高的特点结合起来,就能生产适应市场需要的商品猪。

1. **后备母猪选择** 从生后 5 月龄到初次配种前的种用母猪叫后备母猪。在选择母猪时应注意是否符合品种的外貌特征。母猪外生殖器官包括阴唇、阴蒂等必须发育正常。后备母猪要求发育良好,乳头在 6~7 对或以上,排列整齐,大小一致,无瞎乳头。后躯发达,体格健康结实,无遗传性疾病。不选乱交乱配的杂种猪作为后备母猪。

现代母猪臀部发达丰满,部分母猪阴户突出不明显,造成初产母猪难产的多。杂交亲本必须具备阴户大而平,保证顺利完成配种和分娩过程,同时可避尿液流出污染生殖道和子宫。阴户小的母猪表明产道停留在发育前的状态,这种母猪不宜留种。

在购进和选留种母猪时要严格把关,严禁从疫区购买母猪。选购母猪时,应注意观察母猪的表现,精神状态是否正常,皮肤及毛色是否正常。对购买的母猪,应先隔离饲养一段时间,确认无任何疫病,再放入原猪群中饲喂。从 4~5 月龄的小母猪中选择生长速度快、无遗传疾病、健壮的个体,用冷水刺激,发现有皮肤变白、被毛竖起而寒战者予以淘汰,无此应激反应的留作种用;接种本猪场应该接种的疫苗(如猪瘟、细小病毒病、伪狂犬病、流行性乙型脑炎等),发现有过敏反应的也予以淘汰。

在当地能量饲料和蛋白质饲料较丰富的情况下,养殖户可以购买生产性能较高、生长速度较快、胴体瘦肉率较高的种母猪饲养,如我国培育的种母猪,或是纯瘦肉型的种母猪。另外,考虑商品猪销售市场主要面对大、中城市的消费群体,也应选择瘦肉含量高的猪作为母猪繁殖商品猪,以适应消费者的需要。在玉米等精饲料和蛋白质饲料较缺乏的地区或养猪户,应饲养生长速度较慢、适应性较强的地方猪种或其杂种母猪。

2. **后备母猪的饲养** 为了防止母猪空怀和产仔少,防止泌乳力低,必须从后备母猪开始着手加强饲养,按照后备母猪不同的生长阶段配制相应的饲料。注意各种营养成分的比例要合适,使母猪具有中上等营养水平。母猪太瘦会出现不发情,排卵少,卵子活力弱,并易造成空怀;母猪过肥,也会造成同样的后果。所以,在后备母猪 4 月龄之前骨骼生长速度最快阶段,要保证供应足够的钙、磷,使骨骼长得细密结实,骨架大。一般要求钙、磷比为 1.2∶1,钙占日粮的 0.6%,磷占 0.5%,食盐占 0.3%,每千克饲粮中含有消化能 12.1～12.6 兆焦,粗蛋白质 13%～16%。后备母猪的典型饲料配方见表 4-2。由于猪在 4～7 月龄时肌肉生长快,所以应供应足够优良的蛋白质饲料和多汁青绿饲料。限量饲喂,日喂量为 2.3～2.8 千克,防止过肥。控制母猪七八成膘情。

表 4-2　后备母猪饲料配方

饲料及其营养成分	饲料配方(%)				
	1	2	3	4	5
玉　米	2	7	60	40	40
蚕　豆	—	—	—	10	12
黄　豆	—	—	—	5	—
三等粉	41	36.5			
麸　皮	30	31	10	18	25
秣食豆草粉	—	—	3		
二八统糠	14.4	13.6			
统　糠	—	—	—	10	11
豆　饼	4	3.5	25	—	—
菜籽饼	—	—	—	15	10
鱼　粉	8	8			
贝壳粉	0.5	0.3	1.5		

续表 4-2

饲料及其营养成分	饲料配方(%)				
	1	2	3	4	5
骨　粉	—	—	—	1	1
添加剂	—	—	—	0.5	0.5
食　盐	0.1	0.1	0.5	0.5	0.5
合　计	100	100	100	100	100
营养水平					
消化能(兆焦/千克)	11.3	11.42	12.97	11.55	11.25
粗蛋白质(%)	16.6	16.4	14.8	14.6	13.4
钙(%)	0.77	0.68	0.63	0.59	0.61
磷(%)	0.67	0.63	0.38	0.36	0.34
赖氨酸(%)	0.74	0.85	0.82	0.73	0.63
蛋+胱氨酸(%)	0.55	0.55	0.38	0.65	0.63

引自王克键．猪饲料科学配制与应用．金盾出版社,2010

3. **后备母猪的管理**　要求经常保持栏舍清洁卫生,定期对栏舍和设备消毒,并定期给后备母猪驱虫和免疫接种。栏舍保持适宜的湿度和温度。合理运动,进行日光浴,每天上、下午各 1 次,每次 1 小时,如栏外有运动场地,可在运动场地内自由运动。通过运动能保证后备母猪的骨骼和肌肉正常发育,保持结实匀称的体形,防止过肥,锻炼四肢,增强体质,诱发性活动能力。定期称重,以便于了解猪的生长发育情况,根据肥瘦调整饲粮喂给量。在正常的饲养管理条件下,我国本地猪 6～8 月龄、体重 50～60 千克时开始配种。而瘦肉型猪种及其杂种猪 8～10 月龄、体重 90 千克以上时开始配种较好。即从体重上看,后备母猪体重达到成年母猪体重的 70%～75%时开始配种。也就是大致在后备母猪第三个发情期进行配种,效果较好。第一、第二发情期排卵少,故此时配种产仔数也少。

据资料报道,对原饲料营养水平较低的青年母猪,在配种前10～14天增加能量摄入量,可增加排卵数。在原来日粮基础上,每天多增加26～35兆焦消化能(增喂2千克左右全价配合饲料)。当配种结束立即降低饲养水平,即去掉增喂日粮量。否则,可导致胚胎死亡数增加。

(二)空怀母猪的饲养管理

对空怀母猪的基本要求是保证母猪身体健康,按期发情,消除不孕因素,提高受胎率。经产母猪在仔猪断奶之后如果有七八成膘情,只要饲粮搭配合理,粗蛋白质不低于12%～13%,供给足够的矿物质和维生素,每天喂2.3千克左右日粮,正常情况下1周开始发情。如果不发情,其原因是母猪过肥或过瘦,或生殖器官有病。母猪断奶时过瘦,应加强饲养,增加精料和青饲料,保证有充足的营养。一般喂给含粗蛋白质16%的全价饲料,充分饲喂,即能吃多少给多少,在短期内母猪便能达到配种膘情,早日发情,增加排卵数。母猪太肥不发情的,应减少精料,多喂青饲料,加强运动,每天上午将母猪赶出1～2小时,促进发情。在母猪膘情合适但不发情时,则可能是生殖器官有病,需及时请兽医检查,对症治疗。

有的母猪屡配不孕的原因有:母猪养得太肥,卵巢及其生殖器官被脂肪包埋,导致母猪排卵减少或不排卵;后备母猪生殖器官发育不全或有异常现象;经产母猪子宫有炎症。公猪的精液量少、质量差也会造成母猪不孕。

对不发情的母猪,将红糖熬焦饲喂,可以促进发情。具体做法是:根据猪体大小,用红糖250～500克,先把糖放入锅内,不放水煮成老褐色,再加水1.5升,煮沸冷却后拌入饲料内喂猪,连用2次,一般经2～7天可以发情。此外,用山楂30克(研细末)、醋30

克,开水冲服,可促进母猪发情。艾叶250克,益母草500克,当归50克,研成细末,拌在母猪3天的日粮中饲喂,可使不发情母猪正常发情。按摩乳房,每天早晨喂料后,用手掌进行表层轻度按摩乳房共10分钟左右(不许碰乳头),待母猪出现发情征候后,除继续进行表层按摩5分钟外,再加力深层按摩5分钟,配种当天深层按摩10分钟。深层按摩方法是用手指尖端在乳头周围做圆周运动,用力按摩乳腺层。也可采用异性诱情法,用试情公猪追赶不发情的母猪,或把公猪关在母猪栏内,每天上、下午各1次,每次40分钟到1小时,连续2~3天。公猪的接触、爬跨刺激,可促使母猪发情排卵。天津实验动物中心生产的"猪宝灵"注射液,肌内注射,每次1支,可促进不发情母猪正常发情,有效率达81%~89%。对久不发情的可用激素催情,先给不发情母猪肌内注射维生素A、维生素D、维生素E合剂5~7毫升,第三天肌内注射孕马血清促性腺激素1000单位,第六天再肌内注射绒毛膜促性腺激素即可。诱导发情率可达100%,情期受胎率高达75%以上。

母猪是长年多次发情的动物,一般每隔21天发情1次。母猪发情时的持续时间一般为3~5天。发情前期,外阴部开始充血肿胀,阴道黏膜颜色由浅变深,食欲不振,表现不安,四处张望等,并且躲避公猪,不接受公猪的爬跨。发情中期,食欲极低,甚至不吃,鸣叫不安,跳栏,寻找公猪或爬跨其他猪,有时发呆,站立不动,两后腿微开,阴户掀动,频频排尿,外阴充血、红肿,允许公猪爬跨,用手按压其腰部,往往静立不动。发情后期,性欲减退,食欲恢复,不让公猪靠近,阴户开始紧缩。瘦肉型猪及其杂种猪,发情表现不如我国地方品种猪明显,老年猪不如青年猪强烈。母猪最适宜的配种时间是在排卵前2~3小时,即发情开始后19~30小时内。过早过晚,都不易受胎,或产仔少。由于母猪的发情开始时间往往难以察觉,在实际工作中多在发情母猪接受公猪爬跨或用手按压其腰部,母猪呆立不动、呈接受公猪爬跨姿势时,进行第一次配种,再过 8～12 小时进行第二次配种,这样就可获得较高的受胎率,产仔数较配种 1 次的增加 1～2 头。在母猪配种后,要用手轻轻按压母猪腰部,把母猪弓起的腰压下去,因为母猪弓腰会把精液挤出来。之后,慢慢地把母猪赶回圈内。

　　母猪适宜的配种时间受品种的影响,我国地方品种猪发情持续时间长,一般在发情开始后的第二天或第三天配种为宜。培育品种和纯瘦肉型品种猪发情持续时间较短,多在发情开始后的第二天配种。母猪配种时间还受年龄的影响。由于青年母猪发情时间较长,一般多在发情后的第二天下午或第三天上午配种;老母猪发情时间短,配种时间应适当提前。所以,就年龄来讲,应该掌握"老配早、小配晚、不老不小配中间"的配种规律。

　　据有关资料报道,要让母猪白天产仔猪,配种时间应在下午 1 时之后。经统计 35 头母猪的资料证明,在下午配种,全部妊娠,产仔最早时间为清晨 4 时 30 分,最迟为晚上 7 时 05 分,其中上午产仔占 71％,下午产仔占 29％。

　　在炎热的季节,母猪的受胎率常常会下降。一些研究表明,在日粮中适当增加维生素预混料的添加量,可以提高受胎率。初产母猪产仔数小于经产母猪,从第一至第四胎产仔数逐渐增加,第五至第七胎的窝产仔数达到最多。到了 4.5 岁后,窝产仔数开始下降。目前,我国种母猪利用时间一般为 5～6 胎,优良个体可利用 7～8 胎。所以,母猪群合理的胎龄结构为 1～2 胎龄的 30％～35％,3～6 胎的占 60％,7 胎以上的占 5％～10％。年更新率在 30％以上。

(三)妊娠母猪的饲养管理

　　母猪在配种之后,经过 20 多天不再发情,并且食量增大,毛有光泽,性情变得温驯,显疲乏,贪睡,一般就可以认为是怀孕了。据郭宝忠资料介绍的一种测定母猪怀孕的新方法是:取母猪晨尿 10

毫升,放入透明的玻璃杯中,再加入数滴醋,然后滴入碘酊,在温火上加热煮开,如尿液呈红色即为怀孕;如为浅黄色或褐绿色,冷却后颜色很快消失,为未孕。怀孕到 90 天左右,用手轻压腹部,能触到胎动。母猪的怀孕期一般为 112～116 天,平均 114 天。

母猪妊娠后 15～20 天,受精卵在母体子宫内膜着床,逐渐形成胎盘。在这个时期应注意饲料的品质,保持环境相对安静。如果管理不当,如剧烈运动或喂给变质发霉的饲料,胚胎就可能被破坏或中毒而死亡。又如母猪饲料营养不全,青饲料不足,缺乏维生素,也可引起受精卵的死亡。妊娠前期补充叶酸非常重要,妊娠 30 天内,每千克饲料添加叶酸 5 毫克,可明显降低胚胎死亡率(顾平生,2000)。

在配种后和妊娠初期(20 天前),要根据母猪体况加喂精料。母猪经过分娩和一个哺乳期后,体力消耗很大,加上母猪在发情后进食少,身体疲乏,应适当加喂精料,特别是含蛋白质多的精料,待体况恢复后再加喂粗料。如果有些母猪在断乳后体况为中上水平,在配种后就不需要另外增加营养。控制每头母猪的日采食量在 2 千克左右,喂量过大容易造成胚胎死亡。前期能量水平过高,体沉积脂肪过多,将导致母猪在哺乳期内食欲不振,采食量减少,既影响泌乳力发挥,又使母猪失重过多,还将推迟下次发情配种的时间。所以,妊娠期间必须限制饲喂。

妊娠中期(20～80 天)可多喂粗饲料。这个时期胎儿发育缓慢,母猪所需的营养比较少,主要用于维持本身的生命活动或使哺乳期间比较消瘦的母猪恢复体况,这时正是胚胎各组织器官迅速分化与形成阶段,需要营养要全面,虽然不要喂很多的精料,但不要喂腐败变质的饲料,以免引起死胎或流产。每天喂 2.0～2.5 千克混合料,每千克混合料含 12.6 兆焦可消化能,含 13％蛋白质。

这个阶段母猪食欲增加,能够很好地食用粗饲料和青饲料。妊娠母猪饲喂青饲料,最好将青绿饲料打成浆与配(混)合饲料掺拌在一起喂。青饲料与配(混)合饲料的比例,可根据母猪妊娠时间递减。精饲料和青饲料(按内含干物质计)大致比例,妊娠初期为1:1~2,妊娠中期为1:2~4,妊娠后期为1:1~2。如果用粗饲料,应控制精饲料与粗饲料的比例为1:0.2~0.4。

妊娠母猪饲料中若含有10%的粗纤维,能使母猪有饱腹感,增强母猪消化能力,为产仔后提高采食量、增加泌乳量创造条件。如果饲粮中粗纤维含量少,就会喂量过少,长时间的饥饿会导致母猪便秘,特别是妊娠后期便秘将影响到胎儿的发育,增加死胎和难产以及产后无乳症等。

妊娠后期(81~114天)要加喂精料和矿物质。这个阶段母猪要摄取大量营养,才能满足胎儿发育和产后哺乳的需要。因此,在母猪妊娠90天至分娩前5~7天,提高日粮喂给量至2.8~3千克,可根据具体情况调整10%。此期如果在母猪日粮中添加2%~3%油脂,可提高仔猪初生重和体内能量贮备,并可促进母猪乳腺发育,提高其产后泌乳量及乳脂肪含量,有利于仔猪成活和发育,降低死亡率。为防止产后不食或发热,对膘情正常的母猪在分娩前5~7天开始减料,减料量为正常喂量的1/3左右。

初产母猪和哺乳期内配种的母猪,在整个妊娠期的营养水平应随着胎儿体重的增加而逐步提高精料比,到分娩前1个月达到最高峰,维持一段时间,至产前5天左右,日粮应减少30%,以免造成难产。切忌"一刀切"的饲喂方式,要根据母猪的体况喂料,肥则减料,瘦则加料,避免母猪过肥或过瘦。

在整个妊娠期间,要防止母猪过肥。过肥会使母猪子宫周围沉积大量脂肪,影响胎儿发育,增加死胎数。

妊娠期母猪的饲料,不论初期、后期,不要喂带有毒性的棉籽饼、酸性过大的青贮饲料以及酒糟,要多喂青饲料,以利于胎儿正常发育。

在妊娠母猪的管理上,除让其吃好、睡好外,在妊娠头1个月和分娩前 10 天,母猪应减少运动,其他时间每天要活动 2 次,每次 1~2 小时,做到不追赶、不鞭打、不惊吓、不洗冷水澡。圈内应保持安静、环境清洁,冬季要防寒,要给母猪多铺、厚铺垫草,地面要防滑,防止母猪因滑跌流产。夏季要防暑,搭建遮阳棚,保持猪舍通风凉爽。在母猪分娩前的 1 周,日粮中加入 1 克维生素 C,可以减少仔猪脐带出血及产中死亡。

据资料报道,为了防止母猪发生便秘,分娩前日粮中添加 1.65% 的氯化钾,具有明显的轻泻作用,添加 0.55%~1.1% 氯化钾可提高泌乳母猪的采食量。

妊娠母猪饲料配方见表 4-3。

表 4-3　妊娠母猪饲料配方

饲料及其营养成分	饲料配方(%)						
	1	2	3	4	5	6	7
玉　米	40	44.1	36.7	30.8	58.5	39.3	38.97
大　麦	10	27.3	28	28	—	—	—
小麦麸	17	6.9	8	5	7	8.06	14.02
豆　饼	11	5.9	5	4	17	2.48	7.01
鱼　粉	6	5.9	6	—	—	—	—
干草粉	14.5	7.8	7	24	15	—	—
花生饼	—	—	7	6	—	—	—
高　粱	—	—	—	—	—	6.82	3.51
葵花籽饼	—	—	—	—	—	2.48	3.51
青贮玉米	—	—	—	—	—	12.77	10.05
酒精糟	—	—	—	—	—	25.23	19.83
食　盐	0.5	0.5	0.5	0.5	0.5	0.62	0.7

续表 4-3

饲料及其营养成分	饲料配方（%）						
	1	2	3	4	5	6	7
骨　粉	1	1.5	1	0.7	—	0.62	0.7
贝壳粉	—	—	—	—	1	0.62	0.7
多种维生素	—	0.1	0.3	—	—	—	—
微量元素添加剂	—	—	0.5	1	1	1	1
合　计	100	100	100	100	100	100	100
营养水平							
消化能（兆焦/千克）	11.51	12.68	11.83	10.78	13.21	11.83	11.75
粗蛋白质（%）	15.5	15.4	16.2	11.79	13.1	12.65	12.66
钙（%）	0.61	0.84	0.7	0.38	0.66	0.7	0.73
磷（%）	0.58	0.68	0.59	0.49	0.38	0.56	0.61
赖氨酸（%）	0.81	0.8	0.77	0.41	0.76	0.73	0.82
蛋氨酸＋胱氨酸（%）	0.65	0.65	0.68	0.2	0.58	1.03	0.99

引自王克健．猪饲料科学配制与应用．金盾出版社，2010

（四）分娩母猪的饲养管理

1. 产前准备工作　母猪的怀孕期，一般为 112～116 天，平均为 114 天。为了便于记忆，可用"三、三、三"表示，即怀孕期为三个月加三个星期再加三天。

（1）准备好产房　在母猪产前 7～10 天，应彻底清扫、消毒产房，确保母猪、仔猪产后平安。产房地面、墙壁、栏杆、饲槽以及饮水、保暖设备等要维修好，走道和猪栏要彻底清扫干净，用 2% 苛性钠(火碱)水溶液全面喷洒消毒,1天之后,再用10%～20%石灰乳涂刷墙壁,待干后,垫上新鲜切短的稻草或麦秸。铲除运动场上的表土,垫上新土,以防寄生虫的危害。保持产房清洁、干燥,光照充足,通风良好。现在很多养猪专业户使用的制式产床,也要彻底消毒。在产房应有仔猪保温装置,如保温箱、红外线灯、电热板。产房温度以保持20℃～26℃为宜。

(2)准备好接产用具和药品　主要是备好产仔哺育记录本、照明设备、毛巾、脸盆、肥皂、纱布、剪刀、结扎线、药棉、5%碘酊、高锰酸钾、来苏儿、催产素、抗生素、止血药,以及麻袋、仔猪筐等。

(3)加强母猪产前护理　产前2周要驱除体外寄生虫,用2%敌百虫水溶液喷雾灭除,以免产后传播到仔猪身上。广东省佛山市正典生物技术公司生产的虫力黑对妊娠母猪使用安全。还可以用2%来苏儿溶液消毒母猪的外阴部和乳房,以杀死体表的微生物和寄生虫虫卵。

母猪分娩前5～7天,若体况和乳房发育比较好,应开始逐渐减少喂料量,至产前1～2天减至日粮的一半,同时停止喂青绿多汁饲料和青贮发酵饲料,防止产后乳汁分泌过多而引起乳房炎。若体况较瘦,则不必减料。产前几天如果乳房膨胀不大,则应喂一些富含蛋白质的催乳饲料,同时加一定数量的有轻泻作用的麦麸,供足清洁饮水,以防止母猪便秘。发现临产征候,停止饲喂,只饮豆粕麦麸汤(加少许食盐,冬季用温水调制)。

母猪临产前4～5天转入产房,使其提前熟悉新环境,避免产前剧烈运动造成死胎,便于接产管理。母猪转栏应在饲喂前进行,预先在产栏内投放饲料,进栏即可吃上料,以减少应激。新转入栏的母猪应训练吃料、饮水、排便和卧睡定位,尽量减轻产栏污染,保持清洁卫生。

母猪产前1周,安排好昼夜值班人员。

2. 观察临产征候　产前3～5天,乳房膨大、发热,乳头外胀、发红、光亮、变粗，有时可挤出少量稀薄乳汁。阴门肿大、松弛，颜色发红或呈紫红色，从中流出稀薄的黏液。产前 1 昼夜或几小时，多数母猪前面的乳头中可以挤出或漏出稍带黄色、较黏稠的初乳。当中间的乳头可挤出浓乳汁时，12 个小时左右可分娩，后面的乳头可挤出浓乳汁时，2～6 个小时可分娩。有一个比较准确判断母猪产仔时间的方法，这就是当用手轻轻地挤压母猪的任何一个乳头，都能挤出很多浓的乳汁，此时母猪可能马上就要产仔猪了。如果母猪叼草絮窝，站卧不安，时起时卧，徘徊运动，尾根抬起，有时频频排尿，开始阵痛，从阴门中流出稀薄的带血黏液，说明母猪已"破水"，马上就要分娩。

3. 接产　母猪产仔时，都采取躺卧状态。如果初产母猪站着产仔，则应设法用手抚摸其腹部，使其躺卧产仔。

仔猪产出后，马上用干净的布片或毛巾，将仔猪口、鼻的黏液掏出，防止黏液把仔猪闷死。然后用干净的布片或软草将仔猪身上的黏液擦干。

扭断脐带。先将脐带内血液向腹部方向挤压，然后在距腹壁 4 厘米处，用双手的大拇指与食指扭断脐带，断端涂 5％碘酊消毒。若断脐后流血，则用手指捏住断端 1～2 分钟，直至不出血为止，再涂 1 次碘酊。如果仔猪出生后脐带自动从母体脱落，则比较理想。如脐带不脱离母体时，千万不能生拉硬扯，以防止断后大出血致仔猪死亡，最好的办法是用双手互相配合，慢慢将脐带理出。

在规模较大的猪场，要给仔猪剪牙、编号和称重。剪牙的工具为电工用的小偏口钳。用一只手的拇指和食指卡住仔猪的两边嘴角，使仔猪张开嘴，露出上下颌两边的 4 对犬牙，用偏口钳沿犬牙根处把犬牙全部剪掉。剪牙时要把仔猪头部保定好，防止剪破牙床和舌头。耳号钳预先消毒，按本场规定给断脐后的仔猪剪耳号，剪耳号后剪口涂上碘酊消毒。接着称仔猪初生重，并将仔猪的耳号、性别、初生重，在产仔哺育记录本上登记。

对初生仔猪经过上述处理后,即将仔猪送到母猪身边吃奶,然后放入保温箱内。对不会吃奶的仔猪,要给予人工辅助。初生仔猪吃初乳越早越好,初乳营养丰富,并含有母源抗体,有利于恢复体温和及早获得免疫力。对分娩过程中不安分的母猪,可将产出后的仔猪先装入有稻草的仔猪箱(或箩筐)保温,待分娩结束后再一起送到母猪身边,进行第一次哺乳。从仔猪出生至第一次哺乳的间隔时间最长不得超过 2～3 小时,必须让初生仔猪尽快吃到初乳。

如仔猪产下后不会呼吸,用手轻按脐带根部感到脉搏尚有跳动的为假死仔猪,应用人工呼吸法急救。其方法是:将仔猪仰卧,用手推其两前肢,牵动身体做前后伸屈动作,用手掌轻轻按压仔猪胸壁,每分钟 10～20 次,持续 4～5 分钟,以促进呼吸;也可以倒提两后肢,用手轻拍胸部,鼻端涂以稀氨水、酒精,针刺山根穴(位于鼻端,鼻唇镜上缘),都能激发仔猪呼吸;用手抓住仔猪双耳,把它放入 40℃～45℃的温水里浸泡,头部露出水面,即可救活部分假死仔猪。对于救活的仔猪应特殊护理 2～3 天,使其尽快恢复健康。

当胎膜破裂,胎水流出时,母猪起卧不安,弓背,侧卧后长时间不产,阵痛加剧,努责次数增多,心跳加快,甚至发生呼吸困难,需及时进行人工助产。助产方法:双手托母猪的后腹部,随着母猪的努责,用力向尾根方向推。当仔猪头或腿在阴门露出时,趁着努责用手抓住拉出。上述方法无效的,可进行掏仔。将母猪阴部清洗消毒。术者将指甲剪平磨光,用肥皂水洗涤手臂,用 2%来苏儿(或 1%高锰酸钾)水溶液消毒,再用 70%酒精消毒,手臂上涂以清洁的润滑剂(凡士林、液状石蜡或甘油)。在母猪努责的间隔期,术者将手缓缓伸入产道,纠正胎位,并随着母猪努责把仔猪拉出。若拉出一头后转为正产,就不必再进行助产。产后要用温和消毒药如 0.1%高锰酸钾 500～1 000 毫升冲洗产道。在整个助产过程中,要尽量避免损伤和感染,最后注入抗生素药物(如青霉素和链霉素各 100 万～200 万单位,加凉开水 100 毫升稀释,防止因产道感染而发生子宫炎)。

上海市计划生育科学研究所生产的一种氯前列烯醇应用于母猪引产和催产效果较好。在母猪预产期 113～114 天之间打针,早晨 6 时打 1 针,过 12 小时再打 1 针。每次 2 支共 4 毫升。

4. 产后护理　母猪整个分娩过程一般持续 2～4 小时。仔猪全部产出后,经 10～30 分钟母猪开始排出胎衣(也有边产边排胎衣的情况)。胎衣排净平均需 4.5 小时。胎衣排出后应立即从产栏中拿走,把母猪后躯擦拭干净,换上清洁的垫草。如果胎衣不下,可用垂体后叶素皮下注射,每次 10～20 单位。

母猪分娩过程中体力消耗大,体液损失多,疲劳而口渴。产后应给母猪喂些豆饼(粕)煮的水加些麦麸或米糠,并适当加些食盐,以补充体液,解除疲劳,也可避免母猪因口渴而吃仔。如果喂以红糖艾叶水,有利于促进胎衣排出和催乳。

为预防母猪发生子宫炎及乳房炎,可肌内注射青霉素 80 万～160 万单位,1 天 2 次,连用 7 天。

母猪分娩后 8～10 小时原则上可不喂料,只喂给温盐水或麦麸稀粥。分娩后 2～3 天内,不要喂得太多,每天 2～2.5 千克饲料,也不要喂太稠的饲料。饲料营养要丰富,容易消化,要调制成稀粥状,喂量要逐渐增加。从分娩后 1 周开始喂给正常饲料,逐步达到标准喂量或不限量采食。

(五)哺乳母猪的饲养管理

哺乳母猪饲养得好,不仅能保证母猪有健康的体质和量多质好的乳汁,断奶仔猪体重大、成活率高,而且能促使母猪迅速转入正常繁殖的状态。

根据哺乳母猪的特点,在饲料中注意多供应蛋白质含量丰富的饲料,以满足哺乳母猪的需要。如果饲料中蛋白质不足,就会使母猪消瘦,产乳量减少,仔猪生长不良。如果饲料中矿物质不足,尤其是钙、磷缺乏,产乳量就会降低。如果饲料营养水平低,往往母猪哺乳1个月后就很瘦,乳房收缩,乳量降低,因而仔猪也养不好,母猪本身的骨骼组织也会变得疏松,行动困难,性周期紊乱,影响发情。因此,必须给哺乳母猪适当喂些豆饼、豆科牧草粉或其他植物性、动物性蛋白质饲料,多喂青绿多汁的饲料,如南瓜、甘薯、甘薯藤等。

哺乳母猪的饲料配方要参照饲养标准制定(见附录一)。每千克日粮中含消化能为 13.8 兆焦,粗蛋白质 18%、钙 0.77%、总磷 0.62%、食盐 0.44%。维生素使用复合多维素按说明加入。如有青绿多汁的饲料,可以不添加多维素。哺乳母猪的饲料配方见表 4-4。

表 4-4 哺乳母猪饲料配方

饲料及其营养成分	饲料配方(%)				
	1	2	3	4	5
玉 米	59	47.5	37	60	45.99
大 麦	—	—	32	—	—
秣食豆	—	—	—	2.5	—
小麦麸	7.5	30	3	7	11.15
豆 饼	25	19	5	25.5	9.56
鱼 粉	—	—	6	—	—
干草粉	5	—	7.3	2.5	—
花生饼	—	—	7	—	—
高 粱	—	—	—	—	3.98
葵花籽饼	—	—	—	—	5.57
青贮玉米	—	—	—	—	6.85

续表 4-4

饲料及其营养成分	饲料配方(%)				
	1	2	3	4	5
酒精糟	—	—	—	—	13.5
石　粉	—	—	—	2	—
食　盐	0.5	0.5	0.7	0.5	0.8
骨　粉	—	2	1	—	0.8
贝壳粉	2	—	—	—	0.8
微量元素添加剂	1	1	1	—	1
合　计	100	100	100	100	100
营养水平					
消化能(兆焦/千克)	12.75	12.29	12.41	13.03	12.09
粗蛋白质(%)	16.6	16.1	15.69	17.2	12.7
钙(%)	0.79	1.21	0.71	0.82	0.75
磷(%)	0.36	0.68	0.66	0.34	0.57
赖氨酸(%)	0.8	0.81	0.77	0.88	0.71
蛋+胱氨酸(%)	0.37	0.64	0.31	0.67	0.82

引自王克健. 猪饲料科学配制与应用. 金盾出版社,2010

　　有些研究表明,在母猪预产期前 10 天及哺乳期的饲料中添加油脂(动物油脂或大豆油),每天添加 200 克,可提高泌乳量18%～28%。

　　在哺乳期,母猪要把大量的饲料转化成乳汁供给仔猪,母乳充足,则仔猪少病快长。根据猪品种、体重大小、带仔多少、泌乳力高低,适当调整喂量。哺乳母猪对热能的需要,通常是在维持需要的基础上,按照哺乳仔猪头数来计算。例如 1 头体重 150 千克的母猪,哺乳 10 头仔猪,其维持体重需要混合饲料 1 千克,产乳需要混合精料 3.6 千克(每头仔猪约合 0.36 千克混合饲料)。同时,注意各种氨基酸平衡,满足矿物质和维生素的需要。产后母猪食欲低下,采食量低,逐渐增加日喂量,至产后 7 天增至 5 千克。在生产实践中,一般采用母猪吃多少就喂多少,不限量。在高温季节特别注意提高能量浓度,最好在饲料中添加 6% 的脂肪,可明显减轻热应激所导致的采食量下降,还可缩短断奶后的休情期。

对哺乳母猪绝不能喂给霉烂、有毒和含泥沙的饲料。如需在哺乳期更换饲料,则应逐步进行。喂食次数可以增加到每天 4～5 次,夏天要喂些稀食或净水。

母猪在产后 10～20 天精神很好,但就是不吃精料或吃得少,这种情况多见于产头胎的母猪,主要原因是饲料营养不全面,尤其是缺乏维生素和矿物质,造成营养极度失调,食欲不振。发现厌食母猪后,每天将其赶出舍外运动 0.5～1 小时,每天上、下午各 1 次,然后赶回原圈,轻者可逐渐恢复食欲,重者可请兽医进行人工胃中投食治疗。预防办法是:注意饲料营养齐全,最好多喂些动物性饲料。如果母猪过度瘦弱,应提早给仔猪断奶,一方面加强仔猪的护理,另一方面对母猪加强饲养,以便使其尽快地恢复健康。

母猪产后缺奶,多数因为母猪年老、消瘦,怀孕后期饲养管理不当,高度的营养不良或营养失调,或内分泌失调,或久患消耗性的慢性病(如严重的寄生虫病)等所致。对于母猪消瘦、乳房干瘪的,可以喂一些催乳饲料,如豆浆、小米粥、煮熟的胎衣等;有条件的,可喂一些小鱼、小虾和螺蛳汤,都能收到较好的效果。对于母猪肥胖无奶水的,除应多喂青饲料、适当加强运动和酌情喂点催乳饲料外,可视情况喂点中草药催乳。如果母猪哺乳后期缺乳,可酌情提前给仔猪断奶。

母猪催乳的方法很多,现介绍几种,供选用。①催乳灵 10 片或妈妈多 10 片,每天 1 次,连服 2～3 天。②当归 50 克,木通 50 克,鲜柳树皮 500 克,煎水与小米粥混喂。③将适量羊肉切碎煮熟,连汤一起喂猪,每天 1 次,连喂 1～2 天。④在煮熟的豆汁中,加入适量的动物油,连喂 2～3 天,就可以增加奶量。⑤用花生仁

500克,鸡蛋4个,加水煮熟,每天喂1次,1～2天后就可下奶。⑥用虾皮和虾糠500克,掺面煮成粥,分2次喂给,第三天可下奶。⑦用黄酒250克,红糖200克,鸡蛋1个,掺在饲料中喂服。⑧用人服用的生乳灵,每次1瓶,连喂2～3次。⑨将黄瓜根蔓洗净切碎,在豆汁中煮烂,连喂2～3次。⑩将母猪胎衣煮熟切碎,分3次喂母猪。⑪用新鲜鲫鱼1千克,将头捣烂,加生姜、大蒜适量及通草3克,煎水拌饲料喂母猪,连喂7天。⑫活泥鳅1千克煮熟,加少量食盐,拌饲料喂母猪。母猪产后缺奶的防治办法在第五章中有详细介绍。

夏季天气炎热,增加哺乳母猪的采食量,可利用早晚天气较凉爽时饲喂,少喂多餐。母猪舍要注意防暑降温,圈舍要通风,预防发生热应激。栏舍温度尽量不要超过28℃。有研究表明,从16℃～27℃,每上升1℃,母猪日采食量就下降109克。可在栏舍上部装上风扇平吹(避免直吹仔猪),加速空气流动散热。在哺乳母猪饲料中添加1.2%的碳酸氢钠(小苏打),可提高母猪产后头10天的采食量,使哺乳阶段能适应较高的环境温度。泌乳母猪最宜喂湿拌料,日喂4餐,其中白天3餐,夜间1餐。供给母猪足够的清洁饮水,每天的饮水量达15～20升,如气温高,需水量还要多些。

据报道Y-氨基丁酸是哺乳动物中枢神经系统中重要的抑制性神经递质,具有调节食欲、增强抗应激能力、促进生长等作用。张铭等在湖南夏季高温高湿热应激条件下,把Y-氨基丁酸按300毫克/千克饲料添加到哺乳母猪饲料中,能显著提高母猪日采食量、泌乳量、改善乳质、减少掉膘、缩短断奶—发情间隔,显著提高仔猪增重和成活率,表明Y-氨基丁酸有显著抗应激效果《养猪》(2009年3期)。

保护母猪的乳房和乳头。母猪的乳腺发育与仔猪的吸吮有很大关系,尤其是初产母猪,一定要使所有的乳头都能均匀利用,以免未被吸吮利用的乳房发育不好,影响以后的泌乳量,甚至变成空废乳头。当新生仔猪数少于母猪乳头数时,应训练仔猪吃 2 个乳头的奶,以防剩余的乳房萎缩。经常检查乳房,如发现乳房因仔猪争乳头而咬伤或被母猪后蹄踏伤,以及产栏里有尖锐物体突出,刺伤乳房和乳头时,应及时治疗。每天要有适当的运动。在天气好的情况下,母猪产后 3～5 天即可以让其带着仔猪到舍外运动,边运动边晒太阳。冬天不要将母猪赶入雪地,以免冻伤乳头,特别是肚大乳头拖地的母猪更要注意。实践证明,母猪通过运动可以增加食量,增进健康,提高泌乳量。母猪栏要保持温暖、干燥、卫生、空气新鲜、安静。冬季在室内要垫草,夏季要通风降温,每天定时清扫粪便。冬季不要用水冲洗地面,避免栏舍潮湿寒冷。必须坚持每 2～3 天对栏舍喷雾消毒 1 次,保证仔猪吃入干净的乳汁,减少痢疾、肠炎。尽量减少噪声,避免在母猪身边大声喊闹或粗暴鞭赶,以免影响母猪分泌乳汁,造成仔猪缺奶。

经常注意母猪的采食、粪便、精神状态,如发现有异常及时找兽医检查原因,采取措施。

三、仔猪的饲养管理

(一)哺乳仔猪死亡原因分析

哺乳仔猪受自身生理条件和环境因素的影响,死亡率较高。湖北省农业科学院畜牧兽医研究所郭万正研究员对农村散养户仔猪死亡情况进行统计与分析(表 4-5)。

从表 4-5 中可以看出,仔猪压死、弱死、饿死的占整个死亡猪只的 79%,是由于设备简陋和管理不当所造成。因此,提高饲养员的责任心,实行照顾分娩,加强仔猪出生后的饲养管理,添置护仔栏和仔猪保温箱,是降低哺乳仔猪死亡率的重要措施。哺乳仔猪在出生后第一周内死亡率达 76%,而 0~3 天的死亡数又占 1 周死亡数的 70%。因此,在 0~3 天这一阶段饲养管理的首要任务是降低死亡率。

表 4-5　哺乳仔猪死亡原因与时间分析

哺乳仔猪死亡原因构成		哺乳仔猪死亡时间分析	
死　因	比例(%)	死亡时间(天)	死亡率(%)
压　死	44.8	0	24
弱　死	23.6	1	16
饿　死	10.6	2	13
腹　泻	3.8	3	6
畸　形	3.8	4	7
外翻眼	3	5	5
关节炎	1.7	1 周	76
湿　疹	1.2	2 周	18
流行性感冒	0.7	3 周	6
咬　死	1.1		
其　他	5.7		

(二)初 生 关

1. 固定乳头,吃好初乳　　固定乳头是提高仔猪成活率的重要措施之一。为了保证仔猪发育整齐、健壮,在母猪分娩后,即将初生仔猪放在躺卧的母猪身边,让仔猪自选乳头。分娩结束后再按体重大小、体格强弱适当调整,将弱小仔猪放在中、前部乳头旁,强壮的仔猪放在后面的乳头旁,尽快固定乳头。如仔猪少而乳头多时,可让后面强壮仔猪吃食 2 个乳头的乳汁,这样可避免仔猪为争夺乳头而咬破母猪乳头,对保护母猪乳房也有好处。仔猪出生时有 8 枚锐利的犬齿,上下颌两侧各 2 枚,因呈黄褐色,故称"乌牙",最好在仔猪出生 3～4 天,或在乳头未固定之前,剪去仔猪的犬齿,防止咬伤母猪乳头。

母猪初乳不仅营养丰富,而且含有母源抗体,让仔猪及早吃足初乳,对于仔猪生长发育和防病非常重要。仔猪吃上初乳可增加能量,抵御寒冷,也有力气去和别的仔猪争抢奶头。初生仔猪在 1 小时之内不能吃到初乳,会变得很不活泼。母猪产后 2～3 天,初乳中的抗体即将消失。吃不到初乳的仔猪,生长发育会受到很大影响。

若母猪产仔数多于母猪乳头数时,可将多余的仔猪在吃 3 天初乳后寄养给其他母猪哺育或人工哺育。仔猪寄养给另一头母猪,要注意仔猪之间日龄不宜相差过大。把生后 10～20 天的"奶僵猪"寄养给新分娩的母猪,尽管它与新生仔猪体重有一定差别,但其活力不强,一般不会影响新生仔猪的生长发育,"奶僵猪"也会获得足够的营养而加快生长发育。为了让寄养母猪接受寄养仔猪,可以用寄养母猪的胎衣、尿液、奶水涂擦寄养仔猪的全身;或用来苏儿液喷洒母猪和仔猪,使母猪闻不出寄养仔猪的特殊气味。一般是在母猪放奶时,再将仔猪放入哺乳。必要时还可采用人工哺乳方法。人工奶可采用如下配方:①在每千克鲜牛奶中加入 60

克蔗糖、930 毫克硫酸亚铁、26 毫克硫酸铜、20 毫克硫酸锰、0.34 毫克碘化钾、495 毫克硫酸锌、0.36 毫克亚硒酸钠；②每 500 毫升鲜奶加入 500 毫升 10％葡萄糖水，1 粒维生素 C，2 粒复合维生素 B，2 粒乳酶生；③奶粉 250 克，鸡蛋 1 个，葡萄糖 50 克，复合维生素 20 毫克，复合微量元素 80 毫克，加水 1 升。加温至 38℃左右时喂给，1 天喂 5～6 次，7 天以后可用米浆加脱脂奶粉饲喂。

2. 防冻、防压、防病　仔猪抗寒能力弱，要注意保温。仔猪适宜的环境温度，1～3 日龄为 30℃～35℃，4～7 日龄为 28℃～30℃，8～14 日龄为 25℃～28℃，15～30 日龄为 22℃～25℃。保温措施很多，农村养猪户，可将初生的仔猪放在草窝内或护仔筐内与红外线灯下，冬天护仔筐上面盖一些麻袋片。猪舍内要铺垫铡短的褥草，寒冷天应多放些，并要常更换，保持干燥卫生。也可在30～40 厘米厚的褥草底下放入 2～3 个装有80℃～90℃热水的暖水袋。养猪场应在母猪栏内避风处建一个长、宽各 60～80 厘米、高 80 厘米的保温室，一侧留有长、宽各 20 厘米的四方活动门，室内铺放干软垫草，内吊装一个 150～250 瓦的红外线灯（插头要瓷质），灯泡悬挂高度要根据仔猪需要的适宜温度而定，一般灯高为40～50 厘米。也可设保温箱，保温箱有的是用塑料制成，像一个大木箱，没有底板，是个整体，侧面有个门，顶上面有个洞，可悬吊灯泡，安放在栏内一侧，底部放木板，箱上面放麻袋片。此外，还有电热恒温保暖板、热水加热地板和电热毯等供温方式。

农户饲养的繁殖母猪，仔猪初生后被母猪压死的约占哺乳期仔猪死亡总数的 1/3，且大多数发生在母猪产仔后 1 周之内。在冬季和早春出生的仔猪，由于没有保温设施，天气寒冷，常常钻入垫草下保暖或依偎母猪身边休息，往往被压伤、压死。因此，提高猪舍局部温度是防压的重要措施之一。另外，要保持母猪安静，禁止鞭打母猪，以免造成母猪不安，频繁起卧而压死、压伤仔猪。在栏舍内增设护仔栏、保温箱，有条件时可采用母猪产床。

仔猪最常见的疾病是白痢、黄痢和红痢,要注意预防。在母猪产仔前产房要彻底消毒,产仔后栏舍要经常保持清洁卫生和地面干燥。提早补料,防止仔猪寻找脏物吃。在仔猪活动的地方放干净水,避免仔猪喝脏水。在仔猪哺乳时,通常先用 0.1% 高锰酸钾溶液将母猪乳头洗净并挤通乳汁后让仔猪吸吮。也有用止屙止痢一喷停(广西北流神通兽药厂出品),喷在仔猪身上和母猪乳房上,或用止痢精(广西平南兽药厂出品)擦到仔猪背上,这两种药预防效果好。妊娠母猪产前 2 天,每天肌内注射 0.1% 亚硒酸钠 5 毫升(须经灭菌处理),对预防仔猪白痢效果较好;或母猪产前 40 天和 15 天注射大肠杆菌多价菌苗,可预防黄、白痢。抗生素预防,母猪产前 1 周,喂精制土霉素 500 毫克/千克体重;小猪出生后立即滴喂链霉素 2 滴(约 5 万单位),1 小时后再进行哺乳。这样,小猪从初生至 7 日龄内几乎不发病,8～20 日龄的发病率比对照群大大降低。仔猪出生后,1 日龄与 4 日龄分别每头肌内注射免疫核糖核酸 0.25 毫升,同时口服"止痢宝"(嗜酸乳酸杆菌口服液),1 日龄每头 1 毫升、2 日龄每头 2 毫升,可有效提高仔猪免疫力,预防仔猪在哺乳期发生细菌性或病毒性腹泻。据报道,在哺乳小猪饲料中,加入 0.5%～1% 柠檬酸后,肠管内大肠杆菌明显减少,乳酸杆菌和酵母菌明显增加,从而减少了治疗腹泻药物的使用。目前,我国生产的微生物菌剂有促菌生(又名乳康生、止痢灵)、嗜酸乳杆菌、双歧杆菌以及益生素等。这些微生物制剂对预防小猪腹泻都有效,并且不产生抗药性,其用量应视每克菌剂中的活菌数而定,一般占饲料的 0.02%～0.2%。

(三)补料关

母猪的泌乳量在产后 20～25 天开始下降,为了使仔猪正常发育,必须及时供水与补料。

1. 补充水分　仔猪 3 日龄有渴感,10 日龄后表现突出,需要水分多,加上奶汁较黏稠,应注意补充水分。否则,仔猪喝了污水、猪尿容易发生疾病。

2. **补充矿物质,防止发生贫血症**　仔猪生后5～6天,可在槽内放适量骨粉、红黏土(用干净新土)、木炭末等,让仔猪自由采食。另外,还应注意补充铜、铁、钴等元素。可将硫酸亚铁25克、硫酸铜1克、醋酸钴1克,冲冷开水1升备用。当仔猪吃奶时,用干净棉球将冲好的药水涂到母猪乳头上,每天2～3次。还可以用1支滴管吸上药水,从仔猪嘴的侧面上、下唇交界处滴进去,每天2～3次,每次1～2毫升。不宜过量,防止中毒。仔猪生后3天,可在颈侧肌内分两点注射右旋糖酐铁钴合剂2毫升,7天后再注射2毫升。据江西省赣州地区农科所试验,补铁的小猪60日龄体重增加量比对照组高21.3%,每100毫升血液中的血红蛋白含量比对照组高19.7%。我国大部分地区土壤中缺硒,饲料中含硒很微量,会引起仔猪缺硒。病猪多为营养状况中上等的或生长较快的仔猪,发病突然,体温正常或偏低,叫声嘶哑,行走摇摆,进而后肢瘫痪。对缺硒仔猪,可肌内注射0.1%亚硒酸钠注射液,3日龄时注射0.5毫升,断奶时再注射1毫升。应严格控制用量,过量极易引起中毒。

3. **开食补料**　母猪乳满足仔猪营养需要的程度是:3周龄为97%,4周龄为37%,8周龄为28%。只有训练好仔猪早开食,才能缓解3周龄后的营养供求矛盾。同时,只有早开食,才能刺激仔猪胃肠发育和分泌功能完善。因此,在仔猪生后6～7天,开始长牙、喜咬东西时,可喂小颗粒饲料(如炒熟的豆类、玉米等)。8～10日龄,可用豆粉、米粉、麦麸、鱼粉(少量)等精饲料调成稀粥,每天定时喂4～5餐。开始时如果仔猪不喜欢吃,可将料糊涂在母猪乳头上让仔猪吮吸。或采用强行补料,将仔猪颗粒料拌湿,左手抓住仔猪头部,同时用左手食指和拇指把仔猪嘴掰开,用右手取一些饲料填入仔猪口中,每天训练3～4次,经2～3天训练,仔猪即可逐渐寻找食物。15 天后,可用炒熟的豆粉和玉米粉、麦麸、鱼粉(少量)、花生饼配成全价精料,要求每千克饲料含消化能 13.39 兆焦,粗蛋白质 20% 左右,仔猪复合添加剂 1%。哺乳仔猪饲料配方见表 4-6。为提高适口性,增加仔猪采食量,可在每千克饲料中加入 0.05 克的糖精或乳猪香料。将饲料调成糊状,让仔猪自由采食。同时,适当增喂青饲料和多汁饲料。每次喂料之后,供给清洁水,冬、春用温水,防止仔猪乱找脏水喝。根据我们多次试喂,2 月龄断奶仔猪的体重平均每头为 15 千克左右,比对照仔猪平均每头要多增重 2.5～5 千克。由于乳猪料的配制技术较高,用量也少,一般养猪生产者以在市面购买为宜。目前市售的乳猪料有多种,在选购乳猪料前宜先行咨询或先购少量试用,防止购进质量较差的乳猪料。

表 4-6　哺乳仔猪饲料配方　(5～10 千克)

饲料及其营养成分	饲料配方(%)				
	1	2	3	4	5
玉　米	43.5	51	39	46	58
高　粱	10	10	5	18	—
小　麦	—	—	18	—	—
干草粉	—	—	—	—	1
小麦麸	5	—	—	—	5
槐叶粉	—	—	2	—	—
炒大豆粉	-	-	6	—	—
豆　饼	20	20	15	27.8	26
脱脂奶粉	10	—	—	—	—
全脂奶粉	—	—	—	—	4
砂　糖	—	2	—	—	—

续表 4-6

饲料及其营养成分	饲料配方(%)				
	1	2	3	4	5
鱼 粉	7	10	10	7.4	5
酵母粉	1.5	4	3	—	—
骨 粉	—	—	0.7	0.4	—
碳酸钙	0.6	0.6	—	—	1
食 盐	0.4	0.4	0.3	0.4	—
微量元素添加剂	1	1	1	—	—
维生素添加剂	1	1	—	—	—
合 计	100	100	100	100	100
营养水平					
消化能(兆焦/千克)	13.6	13.68	13.54	14.44	13.67
粗蛋白质(%)	22	21.8	22.6	20.3	20.6
钙(%)	0.79	0.87	0.86	—	0.93
磷(%)	0.62	0.61	0.7	—	0.5
赖氨酸(%)	1.34	1.23	1.2	—	1.17
蛋+胱氨酸(%)	0.7	0.68	0.78	—	0.48

引自王克健. 猪饲料科学配制与应用(第2版). 金盾出版社,2010

(四)断 奶 关

农户养猪仔猪出生后 50～60 日龄时可断奶,规模猪场一般 28 日龄或 35 日龄时断奶。断奶前 3～5 天和断奶后 10 天,必须特别加强饲养管理。仔猪有恋母性,断奶工作应慢慢地进行,逐步减少每天喂奶次数。可采用 5 天断奶法:将母猪与仔猪分开饲养,第一天将仔猪送到母猪栏哺乳 4 次,第二天为 3 次,第三天为 2 次,第四天为 1 次,第五天断奶。断奶后半个月,要做到饲养人员、饲料组成、饲喂方法、猪栏四不变。然后,按仔猪个体大小、体质强弱,分群饲养。这种方法可减少对仔猪和母猪的断奶应激,但较麻烦,不适于产床饲养的母猪和仔猪。产床饲养的母猪和仔猪多采用一次离乳法。当仔猪达到预定离乳日期,即将母猪隔出,仔猪留原圈饲养。这种方法简单,有利于实施全进全出饲养方法,一般规模猪场多采用此断奶法。使用此法时应于断奶前 2～3 天逐渐减少母猪喂料量,并适当控制饮水,以免发生乳房炎。

近年来,随着猪的营养和人工乳研究的发展,为提高母猪的利用强度和生产力,仔猪早期断奶已广泛用于生产。在我国,一般认为早期断奶应在仔猪体重达 5 千克以上,或 3～5 周龄为宜。据资料报道,断奶后仔猪第一周减重者,21 日龄断奶仔猪有 40％,28 日龄断奶仔猪有 17％,35 日龄断奶仔猪既不减重也无增重者。断奶 1 周后,35 日龄断奶仔猪日增重上升最快,达 62 日龄时,各日龄断奶仔猪体重差异不显著。仔猪断奶日龄对断奶仔猪的影响与圈舍温度、卫生条件、设备条件以及饲料组成、营养水平等有重要关系。以上各种条件较差的宜 28～35 日龄断奶,条件较好的宜 21～28 日龄断奶。据中国农业科学院畜牧研究所研究证明,仔猪早期断奶,对母猪断奶后发情、配种、产仔数无影响。由于早期断奶(21 天)增加了母猪年产窝数,因而每头母猪每年比常规断奶(42 天)多提供 20 千克断奶仔猪 6.65 头。养猪专业户若能配制营养全面的全价饲料,掌握断奶技术,可以在仔猪 4～5 周龄时断奶。断奶仔猪以用保育栏饲养为好,其内有防寒保温设施,断奶仔猪生长发育快,死亡率低。

断奶仔猪的栏舍温度应保持在 20℃～22℃,相对湿度为 65％～75％,并经常保持圈内清洁、干燥、卫生、定期消毒,保持空气新鲜。断奶仔猪饲料,要求每千克饲料含消化能 13.6 兆焦,粗蛋白质含量为 19% 左右。断奶仔猪饲料配方见表 4-7。

表 4-7　断奶仔猪饲料配方　（10～20 千克）

饲料及其营养成分	饲料配方(%)					
	1	2	3	4	5	6
玉　米	54.3	58	51	40	36	29.7
高　粱	7.8	4	—	—	—	—
大　麦	—	—	—	30	13	35
小麦麸	6	5.5	10	10	—	5
蚕　豆	—	—	—	—	7.5	—
豌　豆	—	—	—	—	—	8
炒黄豆粉	—	—	—	—	10	5
菜籽饼	—	—	—	—	4	—
花生饼	—	—	—	—	15	5
豆　饼	21	21	20	10	10	—
干草粉	—	—	10	—	—	—
砂　糖	—	—	2	—	—	—
鱼　粉	8.3	7.5	—	9	3	10
酵母粉	—	1	4	—	—	—
骨　粉	—	0.3	—	1	1	1.5
磷酸氢钙	—	—	—	—	—	0.5
碳酸钙	0.3	0.2	0.6	—	—	—
食　盐	0.3	0.5	0.4	—	0.5	0.3
微量元素添加剂	1	1	1			
维生素添加剂	1	1	1			

续表 4-7

饲料及其营养成分	饲料配方(%)					
	1	2	3	4	5	6
合　计	100	100	100	100	100	100
营养水平						
消化能(兆焦/千克)	13.89	13.56	13.68	13.22	12.51	13.39
粗蛋白质(%)	20.2	20.2	21.8	17.9	16.5	20.2
钙(%)	0.63	0.63	0.78	1.12	0.65	0.91
磷(%)	0.58	0.58	0.61	0.78	0.53	0.69
赖氨酸(%)	1.16	1.16	1.23	0.85	0.71	1.11
蛋＋胱氨酸(%)	0.6	0.59	0.58	0.49	0.36	0.68

引自王克健. 猪饲料科学配制与应用(第2版). 金盾出版社,2010

　　由于仔猪刚断奶,在短期内会躁动不安,寻找母猪,食欲减退;或因过度饥饿后猛吃饲料,加重胃肠的负担,导致消化不良而产生腹泻。所以,仔猪刚断奶的3~5天,要适当控制仔猪喂料量,日采食量不超过25克/千克体重。仔猪断奶更要注意饮水,冬季给温水,夏季饮凉水,水要洁净并在饮水中加入5%~10%的红糖。

　　美国研究发现,采用垫上饲喂方法可大量增加仔猪断奶后第一周的采食量,因为这种方法刺激了仔猪兴奋的集体采食行为。具体方法是在仔猪断奶后3天内将少量饲料撒布在地面的垫子上,每天3次,每次保证仔猪30分钟内吃完。经测定,垫上饲喂的仔猪断奶后头3天的增重比对照组增加1倍以上。断奶仔猪的栏舍,在进栏前应彻底打扫干净,并用2%的火碱水全面消毒。在冬季和春季气候寒冷,仔猪容易患感冒和腹泻等病。因此,在入冬前应维修好栏舍,圈舍内多垫干土和干草,并勤扫勤垫。在栏舍前上方搭塑料棚,以挡风保温。断奶仔猪的占地面积以每头0.6平方米为好,每群一般以10头为宜。栏舍内设有足够的食槽和水槽,让每头仔猪都能吃饱、饮足水,不发生争食现象。要调教训练好排便、采食、睡卧三点定位。定时定量、以少给勤添为原则。

仔猪断奶之后，因受到断奶、分群、环境等因素的影响，其抵抗力下降，是仔猪细菌性疾病多发阶段。建议从第四周龄开始，用中牧安达药业有限公司(湖北省武穴市永宁大道东1号；电话：0713—6213147)生产的10%氟尔康预混剂，按每吨饲料加20克，连喂4周，可有效控制猪细菌性疾病发生，获得良好的仔猪增重，大大提高仔猪的成活率，使仔猪安全度过危险期。

四、生长肥育猪的饲养管理

(一)肥育前的准备

1. 挑选仔猪　对于小猪场、养猪专业户及有些农户，一般都不养种猪而是购买仔猪肥育。在挑选仔猪时，要从品种、体型、发育、健康等几方面着手。

要选用杂种仔猪肥育。因杂种猪比纯种猪生活力强，生长快，省饲料，抗病力强。杂交优势率平均可达20%～25%。要根据市场需要选择相应类型的仔猪肥育，如外贸需要瘦肉型活猪出口，可选用杜(杜洛克)长(长白)大(大白)三元杂交猪的杂种仔猪肥育。城市需要瘦肉量大，也可采用三品种杂交的杂种仔猪肥育供应市场。

在挑选仔猪时，应选身腰长、前胸宽、嘴筒长短适中、口叉深而唇齐、后臀丰满、四肢粗壮有力、体躯各部分发育匀称的仔猪。

注意观察是否有病。健康仔猪呼吸深长，平和，气流均匀，呼出气不烫手，呈现胸腹式呼吸，每分钟10～20次。被毛整齐、细密、平顺、有光泽，皮肤干净，腹部无大量泥垢，无鳞状污秽。正常猪粪成团、松散，尿为淡黄色。健康猪尾巴摆动不停，猪耳朵根不烫手，仔猪叫声清脆。

从外地购进仔猪时，要先调查仔猪产地疫病流行情况，只能从无疫病流行的地区购进仔猪，并从当地兽医部门索要检疫证明，是否接种过猪瘟、口蹄疫、蓝耳病、猪丹毒、猪肺疫、猪链球菌和仔猪副伤寒等疫（菌）苗。从外地购进的仔猪，如果预防接种情况不详，一般要重新接种疫（菌）苗。新购进的猪应隔离检疫半个月，第一天不喂食，只供给含白糖 5%～8%、食盐 0.3%的饮水，让其自由饮用，以防止发生应激反应。

2. 合理分群　生长肥育猪一般采用群饲。猪群的分群主要依据猪的来源、体重大小和体质强弱，把来源、体重、体质、性格和采食情况等方面相似的猪合栏饲养，同栏的猪体重差异不宜过大，尽量做到基本一致。为减少合群时的争斗，可把较弱的仔猪留在原圈内，把体质较好的仔猪并入他群，把数量少的群留在原圈不动，而把数量多的群并入他群。合并工作最好在晚间进行，合并前向猪身喷洒一些来苏儿药水，使小猪彼此不易分辨，以减少小猪争斗的机会。每栏 10～20 头为宜，小规模饲养 8～10 头为宜。前期每头猪占 0.6～0.8 平方米，后期每头猪占 0.8～1 平方米。小猪分群之后，宜保持猪群相对稳定，一般不任意变动。但因疾病、体质过弱或体重差别过大时，应及时加以调整。

3. 栏舍消毒　为避免猪感染疫病，进猪之前栏舍要彻底消毒，损坏的地面或栏舍一定要提前修补好。栏舍内一切污物要彻底清除。如为水泥地面或砖地面，要用水冲洗干净后再用 2%～3%氢氧化钠水溶液喷洒消毒，停半天或 1 天后用水冲洗地面。墙壁可用 20%石灰乳涂刷。饲槽及饲喂用具也要提前消毒，洗刷干净后备用。

4. 去势　去势不仅有利于肥育猪的增肥，而且可以提高肉的品质。据资料报道，去势比未去势的肉猪日增重可提高 10%～15%。去势时间，一般杂种小公猪在生后 2 周左右阉割。现在国内外一些猪场在生后 3 日龄时小公猪就要阉割，母猪可大点。因瘦肉型猪性成熟较晚，小母猪可不阉割，直接用于肥育，但小公猪一定要去势。另外，阉割要在空腹时进行，用 5%碘酊消毒手术部位(消毒面要大一些),手术完成后也一定要消毒伤口。

5. 防疫注射 自繁仔猪和从市场购买的仔猪,在肥育开始前要进行猪瘟、猪丹毒、猪肺疫、口蹄疫、蓝耳病和仔猪副伤寒疫(菌)苗的预防接种。确保仔猪在肥育过程中不发生这几种病。

6. 体外驱虫 疥螨是猪的常见寄生虫,严重影响猪的生长发育。发现猪身上长有疥螨要及时治疗,常用 1%～2% 敌百虫水溶液遍体喷雾,栏舍和猪接触到的地方也要喷雾,同时更换垫草。因为药物对螨卵的杀灭作用差,所以需间隔 1 周再喷 1 次,以杀死新孵出的幼虫。小猪体外驱虫要选择温暖的晴天,并注意药液要均匀喷洒到全身体表,特别是腹下、腋下等隐蔽部位。

(二)定时定量饲喂

每天喂猪要按一定的次数、一定的时间和一定的数量,使猪养成良好的生活习惯,吃得饱,睡得好,长得快。例如,早晨 7 时喂猪,猪已习惯了,见到食物就会大量分泌消化液,使胃肠的消化力提高。如果早一餐迟一餐,就会扰乱消化腺的分泌功能。究竟每天喂几餐才合适,据我们反复试验,认为小猪每天可喂 6 餐,生长肥育猪每天喂 4 餐(1987 年在北京海淀板井猪场试验,喂 4 餐比喂 2 餐的日增重多 132 克)。每次喂食的时间间隔应相同,每天最后一餐要安排在晚上 9 时。每头猪每天配合饲料喂量,一般 15～25 千克体重的猪喂 1.5 千克,25～40 千克的猪喂 1.5～2 千克,40千克以上的猪喂 2.5 千克以上。生长肥育猪的饲料配方见表 4-8。

每餐喂量基本保持平衡。如果每餐喂量不足,猪感到饥饿,烦躁不安,爬栏咬槽,肯定长不好。如果喂得过饱,就会影响下一餐的食欲,造成饲料过剩而浪费。一般喂九成饱就可以了,以便保持下次喂时有良好的食欲。饲料增减或变换配方,也要逐步进行,使猪的消化功能逐渐适应。如果突然改变,容易使猪的食欲下降或暴食,发生消化道疾病,生长性能下降。

表 4-8 生长肥育猪饲料配方

肥育阶段体重(千克)	20～35			35～60			60～90		
饲料及其营养成分	饲料配方(%)			饲料配方(%)			饲料配方(%)		
	1	2	3	1	2	3	1	2	3
玉 米	52	58	47	52.3	57	51	51	59	52.5
麦 麸	17	21	19	15	16.5	18	19	15.5	18.5
小麦黑面	—	—	—	—	—	—	11	—	—
蚕豆(炒)	7	2	4	—	6	4	—	7	4
豌豆(炒)	—	—	—	15	—	—	—	—	—
菜籽饼	4	1	3	—	4	4	—	4	3.5
胡麻饼	5	—	8	—	4.5	8	3	4.5	8
鱼粉(进口)	6	6	6	2	3	2	1	1	0.5
苜蓿草粉	8	9	12	—	8	12	14.3	8	12
红豆草粉	—	—	—	14.7	—	—	—	—	—
矿物粉(沪五四厂)	0.7	0.7	0.7	—	0.7	0.7	0.5	0.7	0.7
石 粉	—	—	—	0.7	—	—	—	—	—
食 盐	0.3	0.3	0.3	0.3	0.3	0.3	0.3	0.3	0.3
合 计	100	100	100	100	100	100	100	100	100
营养水平									
消化能(兆焦/千克)	12.64	12.72	12.55	12.85	13.05	12.55	12.68	13.05	12.76
粗蛋白质(%)	15.99	14	15.82	14.02	14.28	13.95	13.55	13.02	13.31
赖氨酸(%)	0.74	0.62	0.72	0.62	0.59	0.56	0.5	0.52	0.5
蛋+胱氨酸(%)	0.52	0.47	0.52	0.46	0.46	0.45	0.37	0.48	0.42
钙(%)	0.64	0.63	0.65	0.61	0.54	0.49	0.4	0.41	0.52
磷(%)	0.53	0.46	0.56	0.46	0.43	0.42	0.57	0.41	0.42

引自王克健．猪饲料科学配制与应用(第 2 版)．金盾出版社，2010

(三)先喂精料,后喂青料

喂食时,先喂精饲料,后喂青饲料,并要做到少放勤添,一般每餐 3 次投料,让猪在半小时内吃完,食槽不要有剩料。当猪每餐吃到不想吃时,每头猪投喂青饲料 0.5～1 千克。青饲料可洗干净后切碎喂,或不切碎让猪咬吃咀嚼。这样,就可以增进猪的食欲,吃得饱,睡得好,长得快。

(四)生喂比熟喂好

把饲料煮熟喂,会使饲料中的许多养分被破坏。采用生喂法,既能保证营养成分不受损失,又能节省人工和燃料。饲料报酬可提高 15％以上,仔猪增重可提高 15％～20％。除马铃薯、芋头、南瓜、生木薯等要煮熟喂以利于消化外,其他饲料均可生喂。生喂法有浸泡和发酵两种。

1. **浸泡法**　将各种饲料粉碎拌匀,每天按猪的需要定量放在桶(缸、池)内浸泡,按饲料与水重量的比例 1∶1 计算。桶内先放清水,后放饲料,也可先放料后放水,不要搅动,让其自然浸泡,促进饲料软化,有利于猪胃肠消化吸收。夏、秋季节浸泡 3 小时,冬、春季节浸泡 4～5 小时,即可喂猪。

2. **发酵法**　主要是对粗饲料发酵,如豆类茎荚、花生藤、干红薯藤、秕谷、青干草和粗糠等。使用粗饲料前,先将所用的粗饲料充分粉碎,然后加入曲种。如没有曲种,可用酒曲饼,将酒曲饼压成粉末,加精料 3.5 千克、谷糠 1.5 千克,均匀拌好,再拌入发酵饲料中。第二次发酵饲料时,将第一次发酵好的饲料作为曲种,按饲料比例加入 3％～5％。拌料时,50 千克料加水 40～50 升,并根据季节的不同来调剂。一般调成以手抓一把握紧指缝出现水珠而不滴水为宜。冷天用温水,热天用干净凉水。发酵时间,冬、春季 2～3 天,夏、秋季 1 天左右。每次不要发酵过多,以防变质发臭,猪不爱吃。

(五)干湿喂比稀喂好

养猪有干喂、稀喂和干湿喂法。我们认为干湿喂法好。干喂,需要很多唾液和胃液浸湿饲料。稀喂,看起来猪吃得很多,其实吃进的大部分是水,而水分过多,对猪的生理功能不利:一是胃内饲料得不到相互摩擦,影响消化和吸收;二是饲料在胃肠内停留时间短,排泄快,排泄量大,消耗热能多,不利于猪的生长;三是胃液、唾液被冲淡,不能充分发挥作用,不利于消化,降低了饲料的利用率。采用干湿喂法,猪吃的饲料多,胃液、唾液能很好地起到作用,促进消化、吸收利用,使猪生长快。

(六)及时供水

水分在猪体内占的比例较大,中小猪为 60%～70%,大猪为40%～50%。水分对猪体内养分的运输、体液分泌、废物的排除、体温的调节等,都有着重要的作用。喝水不足会发生脱水,猪脱水5%就会感到不舒服,不想吃食;脱水 10%会使代谢紊乱;脱水20%就会死亡。所以,必须让猪喝足水。采用干湿喂法,在吃完食后,要给猪喝清水。据资料报道,喂 1 千克饲料需饮水 2～3 升。

(七)肥育方法及步骤

将买来的(或自养的)小猪饲喂、观察 3～5 天,如果没有发现病情,便可进行驱虫、洗胃、健胃和饲喂催肥,让其快速生长。

1. 驱虫 第一天,用兽用敌百虫片,按猪每 10 千克体重喂 2片。驱虫前,让猪先饿一餐,到晚上 7～8 时,将研碎的敌百虫片拌入少量的精料内,让猪 1 次吃完,使每头猪都能吃到。经试验,晚上驱虫比白天驱虫效果好。农家养猪,如坚持定期驱虫,日增重可提高 20%～30%,节省饲料 10%以上。也可选用其他驱虫药。左旋咪唑,按每千克体重 8 毫克,拌入饲料喂服;伊维菌素,每千克体重 0.3 毫克左右,口服或肌内注射,可防治虱、疥螨、蛔虫、结节虫、胃虫等体内、外寄生虫。

2. 洗胃　第三天,用小苏打 15 克(小猪适当减少),于早餐时拌入饲料内喂服。

3. 健胃　第五天,用大黄苏打片,每 10 千克体重喂 2 片,分 3 餐拌入饲料内喂服,可增强胃的蠕动能力。

4. 饲喂　经过驱虫、洗胃、健胃后,把调配好的饲料中按料、水比 1∶1 比例放水浸泡,浸泡时间长短,根据季节变化。不得煮沸,以免养分损失。

第一次驱虫 2 个月后,再按上述方法进行 1 次驱虫、洗胃、健胃和饲喂催肥。根据我们的经验,体重 15 千克的断奶小猪,养 4 个月,一般可达 90～100 千克。

(八)青、粗饲料多餐肥育

农村青、粗饲料来源丰富,以青、粗饲料加部分精饲料喂猪,可降低养猪成本。试验证明,用青、粗饲料多餐喂猪,猪的日增重也较快。我们用少量的水,将经过发酵的粗饲料、切碎的多汁青饲料与少量的精料拌和,每天定时喂 6 餐,每餐让猪吃完后,再放入部分不切碎的青饲料,让猪自由采食。猪吃饱了就睡,睡醒了排完粪便又吃。这样,猪的胃肠始终充满食物,不叫、不跳栏。体重 50 千克左右的猪,日增重可达 0.7 千克以上。为什么猪吃青、粗饲料日增重也很快呢? 其道理主要是:实行定时多餐饲喂,让猪多吃,保证营养供应,为猪快速生长提供丰富的物质基础。根据猪的消化功能情况,用精料可日喂 4 餐,若用青、粗饲料,需日喂 6 餐。采用多餐制,猪吃得饱,消化正常,生长健康,防止猪出现嚎叫不安等现象。多餐喂食有利于保持胃肠功能正常和营养吸收。传统喂猪法餐数少,饲料水分多,猪为了填饱肚子,见到喂食就不管好赖一股劲地吃,结果肚子撑得很大,干物质却很少。各餐之间间隔时间很长,而且不定时,吸收营养差,因而生长缓慢。采用定时多餐喂食,胃肠因经常充满食物,能较好地吸收养料。采用多餐喂食,猪的总采食量增多,营养也就相应地增多。青、粗饲料肥育6餐制,正好补充了饲料中的营养不足部分,日采食的总能量和蛋白质量达到或超过日喂2餐或3餐精料的营养水平。采用多餐喂食,猪的睡眠时间增多,猪吃食的次数增加,胃肠工作量也相应地加大。这样猪就会多吃、多睡、少动,身体的能量消耗减少,食入的营养物质可充分地供给肥育用。因此,用青、粗饲料加部分精饲料进行多餐喂食,能达到加速肥育的目的。

(九)种草养猪实例

种草养猪,节省精料,降低成本,提高经济效益。据 2004 年 5 月 2 日中国畜牧报报道,湖北省兴山县种植一年生四倍体黑麦草,每 667 平方米鲜草产量可达 20 吨。这种草营养价值高,干草含粗蛋白质 18.6%、粗脂肪 3.8%、无氮浸出物 48.3%。用于养猪,猪特别肯吃,且生长快。种草养畜项目课题组于 2003 年在古夫镇邓家坝村熊兰章家庭养猪场进行了一年生四倍体黑麦草替代配合饲料养猪效果测定试验。试验结果显示,以黑麦草替代 40%的配合饲料养猪,每千克增重比对照消耗精料降低 35.69%,饲养成本降低 28.97%,养猪经济效益提高 85.6%。据此初步结果推算,用一年生四倍体黑麦草替代 40%配合饲料养猪,100 千克出栏猪每头约节省开支 80 元,节省精饲料 110 千克左右。

据李锦玉报道,在厦门市集美区民惠食品公司六兴猪场,该场年产杜长大商品猪 1 万头,种植 6.7 公顷狼尾草,利用粪尿生产沼气,沼液用于灌溉狼尾草地。夏季 20 天收割 1 次,冬季 1 个月收割 1 次,年产鲜草达到 15 吨/667 米^2。当生长肥育猪长到 25 千克时开始饲喂。先用打浆机将狼尾草加水打成草浆,再用搅拌机将草浆与混合精料混匀喂猪,精料与鲜草的重量比例为 1:1.2。1头肉猪喂到 100～110 千克出栏,需喂鲜草 200 千克以上,可节省精料 35 千克。所产猪肉安全、卫生,胆固醇含量仅为普通猪肉的1/3,钙质含量比普通猪肉高 20% 以上。该场生产的杜长大猪肉没有腥味,肉香质嫩,比其他瘦肉型猪肉好吃得多。

广东省台山市风光田园农场,占地 80 公顷,养土三元杂种母猪 200 头。该场在山林、鱼塘和猪舍的周边种植牧草,品种有甜玉米、黑麦草、狼尾草、美国菊苣、墨西哥玉米。母猪上午喂精料,下午喂牧草,每头母猪每天喂 2.5～4 千克。牧草不切碎,母猪要站着在限位栏内采食 2～3 个小时。这种饲喂方法不但节省精料,还能使母猪增强体质,保持膘情适中。土三元杂种母猪繁殖情况正常。

贵州省六盘水市草地站,在云贵高原岩溶高寒缺粮山区推广种草养猪,经过 9 年的试验、筛选、调整、示范、利用,找到了中国苜蓿南移困难的原因,探索出了苜蓿品种与六盘水市海拔区域的对应关系,海拔 1100 米以下的低热河谷区域种植"盛世"等品种;海拔 1100～1800 米的山地,种植"维多利亚"、"皇后 2000"等品种;海拔 1800 以上的高寒山区,应选择种"阿尔冈金"等品种。探索出"林-草"、"粮-草"套种新的种植模式,提高了复种指数和生物总产量,并促进了当地林-草-畜、粮-草-畜生态经济的协调发展。

苜蓿含有未知因子,能促进肥育猪生长,降低背膘厚度,提高瘦肉率,提升猪肉品质,猪肉味道鲜美、营养价值高;喂母猪可提高繁殖性能。据大河镇大桥村母猪养殖大户杨应嫦介绍,她家饲养的 17 头母猪自用苜蓿配搭饲喂后,效果显著,一是每窝产仔数比以前增加 2 头;二是母猪体质体况良好,毛色光亮;三是母猪产后配种时间平均提前 15 天;四是仔猪双月重每头增加 2～2.5 千克。据种草养猪户费仁义等推算,种植苜蓿喂猪,可减少精料 60%,饲养一头肥猪出售,节约精料成本 150 元,饲养周期缩短 30 天,效益约是种粮收入的 3 倍。

养猪是六盘水市畜牧业主体,农村户户皆养。2008 年全市农村人口 240 万,饲养生猪年末存栏 106.27 万头,全年出栏 88.54 万头,养猪业产值 11 亿元,猪肉产量 8.44 万吨。

六盘水市主产玉米,能量饲料充足,蛋白质饲料缺乏。推广种植苜蓿,是补充蛋白质饲料、实现能量与蛋白质平衡的重要途径。

五、不同季节养猪应注意的问题

一年四季气温差别大,给饲养管理提出不同的要求。下面分季谈谈应注意的一些问题。

(一)春季注意防病

春暖花开,气候适宜,青饲料幼嫩可口,是养猪的好季节。但是,春季也是疾病多发季节。广东流传一句农谚"桃花开,猪瘟来";湖南流传着"蒜薹上街,猪要发灾(瘟)"的说法。这些经验之谈,我们应当重视,同时要采取下列措施。

1. 在春季到来之时,抓紧猪圈消毒工作 农村利用石灰、草木灰对猪圈消毒,是一种简便有效的措施。消毒方法是:将猪圈打扫干净,把调好的 20% 石灰乳或草木灰水洒入猪圈内,角落、缝隙多洒一些,墙壁也可以用石灰乳刷一刷。待栏圈里石灰乳干后,再垫一些干草。积肥的猪圈,勤垫草、勤出粪,保持猪舍干燥,搞好猪舍卫生。

2. 适时免疫接种 如猪瘟、口蹄疫、蓝耳病、猪丹毒、猪肺疫的疫苗或菌苗。

3. 适时开闭门窗 春季气温常变化,一旦天气变暖,要打开门窗通风。如果天气变冷,要关闭通风处,预防冷空气侵入猪舍。气温低时仔猪喜爱扎堆,气温适宜时仔猪活泼,喜到处跑。因此,在气温变化较大的春天,应加强对仔猪的管理。

(二)夏季注意降温及控制蚊蝇

生长肥育猪的适宜气温:前期(15～50 千克体重)20℃～22℃,后期(50～100 千克体重)18℃～20℃。高温会降低猪的采食量。当气温超过生长肥育猪适宜气温,猪每日采食量下降,日增重也下降。生长肥育猪体重越大,影响越大。因此,在生产上应做好防暑降温工作,以取得最佳经济效益。我们在肥育猪上做了一些探索工作。1982 年 7～8 月间,湖北气温高达 40℃左右,我们去当阳市慈化做试验,当时有的农民就说"六腊月不长肉,还搞什么试验"。为了探索 6 月份到底长不长肉,我们试了 18 头中猪,采取了一些降温措施:运动场搭棚遮阳,不让阳光直射猪舍;给猪身和猪舍地面冲水降温(给猪身冲水洗澡时不要冲在头部);在猪舍一角设浅水池,猪热了可以去水池泡一泡;保证让猪有清洁的饮水;多喂青饲料,适当少喂能量高的饲料。此外,还采取防蚊措施,使猪能安静睡觉。

在 40℃高温季节里,试验 20 天,18 头中猪平均日增重 500 克左右。试验后,当地群众高兴地说:"事实说服了我们,六腊月不但长肉,而且同样长得快。"

在猪舍四周绿化,植树种草,可净化空气、防风沙和改善小气候。蒸发降温是最有效的方法,蒸发 1 升 20℃的水要吸收 2 452.3 千焦的热量。北方空气相对湿度低,封闭式或开放式猪舍,均可采用喷雾、喷淋的方式降温。在南方可给猪舍屋顶上喷水降温。在高温高湿的天气,还要增加机械或自然通风。湿帘—风机降温系统能有效降低封闭式猪舍温度(可使舍温下降 5℃～7℃)。滴水降温最适合定位栏养的哺乳母猪采用,滴水器安装在母猪颈肩部上方,每间隔 45～60 分钟滴水 1 次,滴水器调控每次滴水可使颈肩部充分湿润而又不使水滴到地上,降温效果显著。猪是否受到热应激,一般以观察猪的呼吸速率(增加)和深度来衡量,也有学者提出以皮肤温度超过 35℃ 为标准来判断是否受热应激。直接对猪体进行喷淋,可有效缓解猪的热应激。

蚊、蝇是猪场疾病传播的重要途径。夏秋季对猪场生产区、生活区的每条水沟及其周围环境每 2 周喷洒抑蚊、蝇药物 1 次,如苏云金杆菌悬浮液(商品名"文静 BTI",佛山正典生物技术有限公司产品)、蚊蝇净等,控制蚊、蝇卵、幼虫的生长,从而减少成虫的产生。在蚊、蝇成虫的栖息地、采食区、活动区,定期选用高效低毒的菊酯类药物全面喷洒,同时在苍蝇活动季节,饲料中加入环丙氨嗪 5 克/吨,喂半月停半月,抑制苍蝇幼虫在粪污里繁殖,减少成虫的来源。

(三)秋末冬初是养猪的黄金季节

秋末冬初,气候适宜,饲料充足,是猪生长发育的好季节。9～11 月份,花生、甘薯、木薯和秋黄豆等陆续收获,花生藤、甘薯藤、木薯叶、豆秸等粉碎后发酵喂猪是很好的饲料,薯类的块根含淀粉多、热能较高,豆类荚茎含热能、粗纤维较多,也可晒干粉碎后用来喂猪。因此,应充分利用秋末冬初的大好时机,做好饲料的贮备和生长猪育肥工作。40 千克左右的中猪,一般催肥 60～70 天便可出栏。

(四)冬季注意防寒

秋去冬来,气温下降,昼夜温差较大,而且白天时间短,夜晚时间长。气温太低对猪的生长有一定的影响,猪为了御寒需要消耗大量的体热,而不少农民往往放松冬季的饲养管理。实践证明,严寒是可以防御的,只要我们采取适当措施,保持饲料的营养和适宜温度,猪也是可以正常生长的。我们在室外温度为 −5℃ 左右的气候条件下做试验,采取保温措施,喂给足够的饲料,补充添加剂。

40千克以上的猪日增重达到600～800克。加强冬季猪的饲养管理方法是：认真修整好猪栏，把漏风的地方遮挡堵严，防止冷风侵入。遮挡物可因地制宜，草帘或塑料薄膜等都可以。我国北方有漫长而寒冷的冬季，低温严重影响猪的正常生长和繁殖，为了节约能源，降低养猪成本，一些养猪专业户和部分规模猪场采用塑料薄膜暖棚养猪。太阳辐射可通过透明塑料薄膜将热能传至舍内，提高舍温，利用太阳能供暖取得了良好的效果，提高了养猪的经济效益。暖棚式猪舍分为单列塑料棚舍、双列塑料棚舍和半地下塑料棚舍。在中午前后，风和日暖时可适当打开南窗换气。在猪栏内勤垫干草，做到不让草潮湿。据测定，在猪未卧之前，垫草堆内部的温度为8℃，而猪卧上草后，温度可以升高到15.2℃。增加饲养密度，多喂热能高的饲料，增加猪体内的热能。让猪睡在一起，既可互相取暖，又可提高栏温。有条件的农户，也可以在猪圈内避风一角建温室。温室的大小，根据养猪多少而定。一般大猪每只按0.6平方米、小猪每只按0.4平方米建造，砌1米高左右的墙，留一小门让猪能自由进出，上部用稻草等盖严，内垫干草，气温寒冷的时候，猪会自行进入保温室避寒。冬季青饲料少，要补充多种维生素饲料，或喂胡萝卜、谷芽，同时补充矿物质，喂热食、饮温水，可促进长膘。

第五章 猪病的防治

一、猪场的防病措施

影响养猪业生产效益的两大风险是市场因素和疾病。而疾病是最重要的影响因素，一旦发生传染病，将造成大批猪只死亡，即使治愈也严重影响猪的生长和发育，造成猪场较大的损失。因此，养猪场的卫生防病工作非常重要。猪病防治应坚持"预防为主，防治结合"的成功做法，将兽医工作前移，由治疗为主转变为预防为主，消除疾病发生的因素，控制传染病的传染源，切断传播途径，保护易感猪群。只要做好这些工作，就能有效地防止烈性传染病的暴发流行。

(一)自繁自养，防止补充猪时带进传染病

自己饲养公猪和母猪，繁殖仔猪，可以减少疾病传播。农户和养猪场如果必须购买仔猪，要了解当地疫情，不从有传染病的单位购买。买猪时，要严格检查猪的健康状况，看皮肤、呼吸、鼻子、眼睛以及排粪等是否正常。大批购进仔猪，一定要同当地兽医部门联系，了解疫情，打防疫针，观察5～7天，才能运回。买回的仔猪，还要进行预防接种并隔离检疫30天。

(二)全进全出

自己解决不了仔猪的养猪场，一年中需多批进猪，进的每批猪应集中在一个猪舍，催肥后全部出售；猪舍空出后，及时消毒，然后再进新猪。消毒用药可选用20%生石灰乳、5%漂白粉溶液、2%

热火碱溶液等。消毒时先彻底清扫,然后再用消毒药液刷洗或泼洒。

(三)做好预防接种工作

规范的疫苗接种,可以使猪主动获得有效的抗体免疫力,防止传染病的发生。不同的猪场要根据本地区的疫情制订本场的免疫程序。按照合理的免疫程序,适时进行预防接种(打防疫针)。每次预防接种,要将接种时间、疫(菌)苗种类、批号、有效日期、生产厂家、接种头数、接种反应等情况进行登记。

(四)猪的免疫程序

以下是中国畜牧兽医学会家畜传染病学分会理事长万遂如教授提供的免疫程序,供参考。

1. 后备种猪的免疫程序 见表 5-1。

表 5-1 后备种猪的免疫程序

疫苗种类	免疫时间	剂量及用法
口蹄疫灭活苗(O 型,亚 I 型,A 型)	配种前 55 天(5 月龄)	按使用说明书,适当增加用量
猪瘟脾淋苗	配种前 10 天	2 头份
猪伪狂犬病基因缺失苗	配种前 7 天	2 头份
猪细小病毒病灭活苗	配种前 40 天首免,灭活苗间隔 2 周二免	1 头份
乙脑苗	配种前 35 天	1 头份
蓝耳病灭活苗	配种前 25 天	1 头份
	配种前 15 天	2 头份

2. 生产母猪的免疫程序 见表5-2。

表5-2 生产母猪的免疫程序

疫苗种类	免疫时间	剂量及用法
传染性胃肠炎-流行性腹泻二联苗	经产母猪产前15天	1头份
	初产母猪产前30天,产前15天	各注射1头份
猪瘟脾淋苗	产后10天	2头份(妊娠期间不可接种猪瘟弱毒疫苗)
猪伪狂犬基因缺失苗	每4个月免疫1次	2头份
猪细小病毒病灭活苗	产后15天	1.2头份
蓝耳病灭活苗	分娩前1个月	4毫升
口蹄疫灭活苗	每年3月上旬、6月上旬、9月上旬和12月上旬	各注射1次,用量参照后备猪的用量,但生产公、母猪每次每头4~5毫升。注意:配种后1月内,产前7天的母猪不注射,过此期后及时补注,做好记录
乙脑灭活苗	每年3月底、9月底	全群注射1次,每次1头份

3. 生产公猪的免疫程序 见表5-3。

表5-3 生产公猪的免疫程序

疫苗种类	免疫时间	剂量及用法
猪瘟脾淋苗	每年3月底、9月底各免疫1次	2头份
口蹄疫O型高价灭活苗	每3个月免疫1次	2毫升
乙脑灭活苗	每年3月底、9月底各免疫1次	2毫升
猪伪狂犬病基因缺失苗	第一次配种前10天免疫1次,以后每4个月免疫1次	2头份
猪细小病毒病灭活苗	每年3月底、9月底各免疫1次	1头份
蓝耳病灭活苗	每4个月免疫1次,于配种前15天接种	2头份

4. 仔猪的免疫程序　见表5-4。

表5-4　仔猪的免疫程序

疫苗种类	免疫时间	剂量及用法
猪伪狂犬病基因缺失苗	4 日龄	滴鼻,每个鼻孔 1 毫升,注意防止疫苗喷出
猪肺炎支原体病灭活疫苗	7 日龄	1 头份
蓝耳病灭活苗	35 日龄	1 头份(2 毫升)
蓝耳病灭活苗	60 日龄	1 头份(2 毫升)
猪伪狂犬病基因缺失苗	50 日龄,66 日龄	1 头份
猪瘟脾淋苗	21 日龄	2 头份
口蹄疫疫苗	40 日龄	用量按说明书使用
猪瘟脾淋苗	63 日龄	2 头份
口蹄疫疫苗	70 日龄	用量按说明书使用

5. 商品猪免疫程序　70 日龄之前按仔猪免疫程序接种,70 日龄之后不再免疫。

6. 各种疫苗免疫注意事项

第一,口蹄疫疫苗对于后备母猪、经产母猪和种公猪可以普免,每隔 4 个月免疫 1 次。

第二,乙脑的免疫保护期 6 个月,所以猪群每年在 3 月份免疫后,隔 6 个月再免疫 1 次,并且每次免疫要加强免疫 1 次;因母源抗体的干扰,对 5 月龄以下的后备猪注射疫苗无效。

第三,细小病毒疫苗前 3 胎的母猪必须免疫,防止其排毒,3 胎后,因其不排毒,可停止免疫。细小病毒的母源抗体的持续时间可达 14~24 周。

第四,猪传染性胃肠炎的弱毒疫苗给妊娠母猪产前 15~30 天接种后,则对其 3 日龄的仔猪被动免疫保护率达 95% 以上。

第五,细小病毒疫苗和蓝耳病疫苗都有免疫抑制作用,故两种疫苗使用时,与其他疫苗的前后间隔时间至少1周。

第六、活疫苗之间间隔时间至少5~7天,活菌疫苗与抗生素禁止一起使用,尤其是长效抗生素。

第七,死苗可以和活疫苗一起使用,死苗之间也可以同时使用。

第八,猪瘟弱毒疫苗建议使用脾淋疫苗。

第九,在没有蓝耳病的猪场,不要接种蓝耳病活疫苗,因疫苗含有活毒,易感染猪群。

第十,后备种猪70日龄前免疫程序同商品猪。

(五)预防寄生虫病和驱虫

实行圈养并且不用连厕圈,不让猪吃到人、狗及其他动物的粪便,不要使未经发酵处理的猪粪进入水塘,以防发生猪囊虫病、旋毛虫病、弓形虫病、细颈囊尾蚴病等寄生虫病。定期或不定期检查虫卵,进行有计划地驱虫。对蛔虫,可在生长猪50日龄、60日龄各驱虫1次,成年猪每6个月驱虫1次。最常用的驱虫药为盐酸左旋咪唑或丙硫苯咪唑,剂量为10毫克/千克体重,一次性内服;也可用精制敌百虫0.08~0.1克/千克体重,内服。大猪不能超过8克,只内服1次。空腹喂,先将敌百虫溶于温水中,再与1/2喂量适口性好的饲料充分混合,1次喂完,这些饲料吃完后再喂其余1/2的饲料。注意服药后猪的表现和粪便中是否带虫。对姜片虫病,可用槟榔、硫双二氯酚或四氯化碳驱虫。

(六)建立严格的消毒制度

1. *建设消毒室和消毒池*　消毒室内备有消毒好的工作服、鞋帽,并设有紫外线消毒灯具。猪场大门及各饲养间门口设消毒池,池内放2%~3%烧碱水。在烧碱水中加入5%的生石灰,可增加消毒效果。

2. **外来人员、车辆的消毒** 猪场应尽量谢绝参观。当外来人员必须进入时,应做好消毒工作,更换服装鞋帽,经门口的消毒池消毒、消毒室紫外线消毒后方可入内。车辆要经过猪场入口的消毒池,并用消毒液喷洒消毒方可入内。

3. **猪场工作人员的消毒** 入场前应淋浴,更换工作衣帽,并经消毒室紫外线消毒。进入猪圈应经各圈舍门口的消毒池消毒鞋底。

4. **圈舍的清扫与常规消毒** 每天对圈舍进行清扫2次,及时将粪便等废弃物运离猪场,进行生物发酵热消毒或化学消毒。使猪舍内保持无粪尿的清洁状态。每周消毒2次,饲槽用具在每次喂完后都应清洗。每周用氯消毒剂或0.1%新洁尔灭对饲槽进行消毒。每周要彻底地清洗冲刷饲槽,圈栏,地面,然后全面消毒。在猪只"全进全出"前后,以及发病猪的圈舍,更应该彻底全面地冲刷消毒。病死猪经消毒后应高温处理或送远处深埋。

(七)进行预防性保健投药

猪病防治应在加强饲养管理的基础上,预防为主,防重于治。猪病控制三要素:免疫注射、药物保健、生物安全,其中预防保健是非常重要的环节,也最容易被忽视。药物可预防某些传染病,对治疗寄生虫病和内外科病更是不可缺少。猪日粮中添加高浓度抗菌药物可预防和治疗疾病,低浓度时可增进健康,提高生产性能。要实现治疗兽医向保健兽医的转变。猪场管理水平越高,其生产技术管理人员就越重视保健预防。目前我国猪场普遍提倡,采用重点阶段给药及脉冲式给药的预防保健用药方案。保健投药应注意用药的种类、剂量与休药期,避免病菌产生抗药性和产品药物残留。现根据郭万正主编《规模养猪实用技术》介绍的经验,将预防性保健投药方法介绍如下。

一、猪场的防病措施

1. **后备母猪保健** 其目的是控制呼吸道疾病的发生,预防细菌或病毒性疾病的出现。清除后备母猪体内病原菌及内毒素,抑制体内病毒数量及活性,用药物对猪场内的常见病进行净化。增强后备母猪的体质,提高机体免疫力,促进发情,获得最佳配种率。

(1)后备猪引入第一周 为降低应激,促使其迅速恢复体质、保证其群体健康,可采取以下方案,根据条件采用饮水或拌料的方式进行保健投药。

①电解多维 150 毫克/升＋阿莫西林 250 毫克/升饮水。

②磺胺五甲氧嘧啶 600 毫克/千克＋小苏打 1 000 毫克/千克＋阿散酸 120 毫克/千克拌料。

③10%黄芪多糖维生素 C 粉 500 毫克/千克拌料。

(2)后备种猪培育期 主要是减少呼吸道、肠道疾病和附红细胞体的发生,提高机体的抗病力。保健用药应视猪场及周边的情况选择或轮换投药,每月连用 7 天,直到配种。在配种前 1 周还可在相关方案基础上添加肠健宝 350 毫克/千克等。

①强力霉素 500 毫克/千克＋阿散酸 120 毫克/千克＋甲氧苄氨嘧啶 120 毫克/千克。

②10%氟苯尼考 500～1 000 毫克/千克＋磺胺二甲氧嘧啶 120 毫克/千克＋甲氧苄氨嘧啶 50 毫克/千克。

③呼原净(25%替米考星)250 毫克/千克＋金霉素 300 毫克/千克(或土霉素 1 000 毫克/千克,或强力霉素 100 毫克/千克)。

④10%黄芪多糖维生素 C 粉 500 毫克/千克＋10%阿奇霉素 180～360 毫克/千克。

⑤支原净(80%泰妙菌素)125 毫克/千克＋金霉素 300 毫克/千克(或强力霉素 100 毫克/千克)

⑥猪场周围若有蓝耳病、圆环病毒的存在,或者发生过传染性胸膜肺炎,可用金泰妙 100 毫克/千克＋氟苯尼考 60 毫克/千克。

⑦猪场可能有巴氏杆菌、沙门氏菌、副猪嗜血杆菌等病原菌存

在的可能,可用金泰妙 100 毫克/千克＋头孢菌素 60 毫克/千克。

2. 母猪保健　其目的是清除母猪体内毒素,疏通肠道,增强体质,提高免疫力。预防各种疫病通过胎盘垂直传播给胎儿,提高妊娠质量。

(1)空怀及断奶母猪　为增强机体对疾病的抵抗力,提高配种受胎率,饲料中可适当添加一些抗生素药物,但要视猪群的健康状况和现场决定。如土霉素预混剂、呼诺玢(主要成分为 2％氟苯尼考)、呼肠舒(主要成分为 2.2％林可霉素＋2.2％壮观霉素)、泰灭净等。或在配种前肌内注射 1 次长效阿莫西林、长效土霉素等。使用复方效果更佳。

①强力霉素 500 毫克/千克＋阿散酸 120 毫克/千克＋甲氧苄氨嘧啶 120 毫克/千克。

②10％氟苯尼考 500～1 000 毫克/千克＋磺胺二甲氧嘧啶 120 毫克/千克＋50 毫克/千克甲氧苄氨嘧啶。

③呼原净 250 毫克/千克＋金霉素 300 毫克/千克(或土霉素 1 000 毫克/千克,或强力霉素 100 毫克/千克)。

④支原净 125 毫克/千克＋金霉素 300 毫克/千克(或强力霉素 100 毫克/千克)。

(2)妊娠母猪　主要是预防衣原体和附红细胞体感染,预防蓝耳病和圆环病毒(PCV)等引起的母猪繁殖障碍。可在妊娠的前期第一周和后期饲料中适当添加一些抗生素药物,如呼诺玢、泰灭净、利高霉素、新强霉素、泰乐菌素等,同时饲料添加亚硒酸钠维生素 E,并视情况在妊娠全期饲料中添加预防霉菌毒素药物(霉可脱)。

①四环素 400 毫克/千克＋阿散酸 120 毫克/千克＋甲氧苄氨嘧啶 100 毫克/千克。

②强力霉素 500 毫克/千克＋阿散酸 120 毫克/千克＋TMP 120 毫克/千克。

③10％黄芪多糖维生素 C 粉 500 毫克/千克＋10％阿奇霉素180～360 毫克/千克。

④多效氟苯黄芪预混剂 500 毫克/千克。

（3）围产期保健　　主要是净化母体环境、减少呼吸道及其他疾病的垂直传播，增强母猪的抵抗力和抗应激能力。产前产后 2周在饲料中适当添加一些抗生素药物如呼肠舒、新强霉素（慢呼清）、菌消清（阿莫西林）、强力泰、强力霉素、金霉素等。可视保健的重点选择或轮换使用以下复方方案。

①强力霉素 500 毫克/千克＋甲氧苄氨嘧啶 120 毫克/千克。

②10％黄芪多糖维生素 C 粉 500 毫克/千克＋10％阿奇霉素180～360 毫克/千克。

③呼原净 250 毫克/千克＋金霉素 300 毫克/千克（或土霉素1 000 毫克/千克，或强力霉素 100 毫克/千克）。

④10％氟苯尼考 500～1 000 毫克/千克＋磺胺二甲氧嘧啶120 毫克/千克＋甲氧苄氨嘧啶 50 毫克/千克。

⑤支原净 125 毫克/千克＋金霉素 300 毫克/千克（或强力霉素100 毫克/千克）。

⑥支原净 125 毫克/千克＋阿莫西林 200 毫克/千克＋磺胺二甲氧嘧啶 120 毫克/千克＋甲氧苄氨嘧啶 50 毫克/千克。

⑦金泰妙 500～1 000 毫克/千克＋齐鲁速治 350 毫克/千克。

⑧杆菌净 500～1 000 毫克/千克＋佐康 350 毫克/千克。

产前肌注 1 次长效土霉素、长效阿莫西林等。

3. 种公猪保健　　增强机体对疾病的抵抗力，提高公猪配种力。根据季节和猪场的实际情况，间隔一段时间或每月轮换投药1 次。可使用土霉素预混剂、呼诺玢、支原泰妙、泰灭净、泰舒平等抗生素，每次连用 1 周。

①强力霉素 500 毫克/千克＋阿散酸 120 毫克/千克＋甲氧苄氨嘧啶 120 毫克/千克。

②10％氟苯尼考 500～1 000 毫克/千克＋磺胺二甲氧嘧啶 120 毫克/千克＋甲氧苄氨嘧啶 50 毫克/千克。

③呼原净 250 毫克/千克＋金霉素 300 毫克/千克（或土霉素 1 000 毫克/千克，或强力霉素 100 毫克/千克）。

④支原净 125 毫克/千克＋金霉素 300 毫克/千克（或强力霉素 100 毫克/千克）。

⑤金泰妙 500～1 000 毫克/千克＋齐鲁速治 350 毫克/千克。

⑥杆菌净 500～1 000 毫克/千克＋佐康 350 毫克/千克。

4. 哺乳仔猪保健

(1)初生仔猪保健　预防初生乳猪腹泻,增强仔猪体质,提高成活率。预防细菌、病毒性的疾病发生。可选用以下方案。

①长效土霉素或长效阿莫西林三针保健计划:3 日龄、7 日龄、21 日龄按说明注射。

②仔猪吃初乳前口服庆大霉素、氟哌酸、兽友一针 1～2 毫升或土霉素 0.25 克。3 日龄肌内注射仔痢康 1～2 毫升。

③仔猪出生后每千克体重注射 5％头孢畜健 0.1 毫升。

(2)补　铁　3 日龄补铁(如血康、牲血素等)、补硒(亚硒酸钠维生素 E,用血康不用再补硒)。

(3)预防呼吸道疾病　猪场呼吸道疾病比较严重,可在 1 日龄、7 日龄、14 日龄向鼻腔喷雾卡那霉素、10％呼诺玢等。

(4)饲料用药　7 日龄左右开食补料前后及断奶前后饲料中适当添加一些抗应激药物如维力康、开食补盐、维生素 C、电解多维等。哺乳全期饲料中适当添加一些抗生素药物如菌消清、泰舒平、呼诺玢、呼肠舒、泰灭净等。

5. 保育猪保健　通常在断奶前 1 周至断奶后 2 周,对仔猪进行保健投药。以减少断奶时的各种应激,增强体质,提高仔猪免疫力和成活率。预防断奶后腹泻、呼吸系统疾病及水肿病,减少断奶仔猪多系统衰竭综合征的发病率。

①仔猪健 1 000 毫克/千克。

②支原净 110 毫克/千克＋金霉素 400 毫克/千克＋阿莫西林 200 毫克/千克。

③呼原净 250 毫克/千克＋金霉素 300 毫克/千克(或土霉素 1 000 毫克/千克,或强力霉素 100 毫克/千克)。

④10％氟苯尼考 500～1 000 毫克/千克＋磺胺二甲氧嘧啶 110 毫克/千克＋甲氧苄氨嘧啶 50 毫克/千克。

⑤10％氟苯尼考 500～1 000 毫克/千克＋阿莫西林 200 毫克/千克。

⑥10％黄芪多糖维生素 C 粉 500 毫克/千克＋10％阿奇霉素 180～360 毫克/千克。

⑦多效氟苯黄芪预混剂 500 毫克/千克。

⑧电解多维 150 毫克/升＋阿莫西林 200 毫克/升(饮水)。

6. 生长肥育猪保健　预防圆环病毒病、猪瘟、蓝耳病等疾病的发生,抑制病毒繁殖,减少附红细胞体的发生,预防呼吸道疾病的发生。增强体质提高免疫力,缩短出栏时间,提高料肉比。一般在前期连用 6～8 天,后期 5～7 天,各猪场因情况不同,投药时间与重点有较大差别,要区别对待,并注意停药期。

①金泰妙 500 毫克/千克＋15％金霉素 2 000 毫克/千克。

②强力霉素 500 毫克/千克＋阿散酸 180 毫克/千克＋甲氧苄氨嘧啶 120 毫克/千克。

③10％氟苯尼考 1 000 毫克/千克＋磺胺二甲氧嘧啶 110 毫克/千克＋甲氧苄氨嘧啶 50 毫克/千克。

④多效氟苯黄芪预混剂 500 毫克/千克。

⑤10％氟苯尼考 1 000 毫克/千克＋磺胺二甲氧嘧啶 500 毫克/千克＋小苏打 1 000 毫克/千克＋维生素 C 200 毫克/千克。

⑥10％黄芪多糖维生素 C 粉 500 毫克/千克＋10％阿奇霉素 180～360 毫克/千克。

(八)猪场常用的化学消毒剂

1. 氯制剂类　漂白粉,含有效氯≥25%,饮水消毒浓度为 0.03%~0.15%。优氯净类,如消毒威、消特灵,使用浓度为 0.2%~0.25%的水溶液喷雾或喷洒消毒。氯溴异氰酸类,如防消散,使用浓度为 0.2%~0.33%的水溶液喷雾或喷洒消毒。

2. 过氧化物类　过氧乙酸,多为 A,B 二元瓶装,先将 A,B 液混合作用 24~48 小时后使用,其有效浓度为 18%左右,喷雾或喷洒消毒时配制浓度为 0.2%~0.5%水溶液,现用现配。

3. 醛类　甲醛溶液(福尔马林),含甲醛 40%,有刺激性臭味。用于密闭猪舍的熏蒸消毒,每立方米空间用福尔马林 7 毫升,高锰酸钾 3.5 克。操作时先将高锰酸钾放入较深容器中,再缓慢加入福尔马林,以防反应过猛,药液外溢。消毒时,一般室温不应低于 15℃,相对湿度应为 60%~80%。猪舍密闭 24 小时以上后,通风 5~10 天。

4. 季铵盐类　双链季铵盐,如百毒杀、1210 和 1214 等,使用浓度为 0.05%~0.1%,喷雾或喷洒消毒(原液浓度为 50%)。

5. 酚类　菌毒敌、菌毒灭,使用浓度为 1%~3%。

6. 强碱类　火碱,含量不低于 98%,使用浓度为 2%~3%,多用于环境消毒。生石灰,多用于环境消毒,加水混合成 20%的石灰乳。

7. 弱酸类　灭毒净(柠檬酸类),使用浓度为 0.125%~0.2% 的水溶液。

8. 碘制剂类　PV 碘、威力碘、百菌消-30,一般使用浓度为 50 毫克/升。

化学消毒剂,有的有较强的腐蚀性,有的挥发性强,喷洒时不要接触皮肤,特别要保护好眼睛。

二、猪的保定与给药方法

(一)猪的保定法

1. **猪的接近法**　进入猪舍时必须保持安静,避免对猪产生刺激。小心地从猪的后方或后侧方接近,用手轻搔猪的背部、腹部、腹侧或耳根,使其安静,接受诊疗。从母猪舍捕捉哺乳仔猪时,应预先用木板或栏杆将仔猪与母猪隔离,以防母猪攻击。

2. **徒手保定法**　根据猪月龄的大小和操作的需要,采用适当的保定方法,可提高工作效率,减少动物的损伤。现场简单的猪保定方法,如图 5-1 之 1～9 所示。施行图 5-1 之 4,7,8 保定时,应两膝夹住猪身,以防骚动。施行图 5-1 之 5,9 保定时,应两膝夹住猪体,不能坐在猪身上。图 5-1 之 1,2,3 适合于仔猪的搬运和疫(菌)苗的注射。图 5-1 之 4,5 适合于公猪的去势手术。图 5-1 之 6,7 适合于股内侧皮下注射和腹膜腔内注射。图 5-1 之 8 适合于投服水剂或丸剂、片剂。图 5-1 之 9 适合于颈静脉和前腔静脉注射。

3. **简易器具保定法**　对凶猛的中猪或大猪常采用器具保定法。一种是用保定绳保定法。用 1 根直径约 1 厘米、长 3 米左右的绳子,一端做一滑结环套,套在猪上颌犬齿的后方,然后拉紧绳的另一端,随着猪的挣扎,绳与地面呈 45°角后猪渐变安静站立(图 5-1 之 10),此时可将绳拴在木桩上。另一种是鼻捻杆保定法。其原理与上述方法相同,在 1 米左右长的木棍的一端系一个绳套,套环直径约 20 厘米,将套环套于猪的上颌犬齿的后方,迅速旋转木棍使绳套拉紧(不宜过紧,以防窒息),猪立即安静。

4. **猪网抓猪法**　猪网的构造形状颇似足球门网,使用时将猪网放于猪栏外或门外,把门打开猪便走进网内,然后紧缩网口,一次可捕捉数头至 10 多头。适用于中、小猪的预防注射。

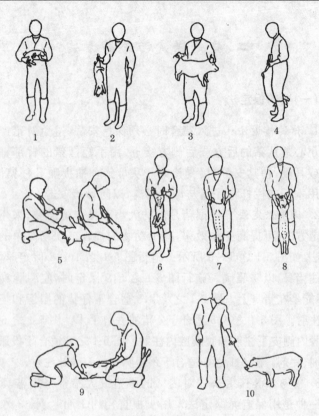

图 5-1　猪的保定方法

(二)猪的各种注射方法

1. 皮下注射法　凡剂量不大、易溶解、刺激性较小的药物及疫(菌)苗均可皮下注射。凡猪体皮薄且容易移动的部位均可注射,多在耳根后方(图 5-2)或股内侧皮下。注射时,先捏起皮肤消毒,将针头与皮肤呈 45°角斜刺入皮下即可注入药液。

2. 肌内注射法　一般剂量小、吸收较困难或具有一定刺激性的药物,以肌注为宜。注射部位选择肌肉丰厚、避开神经和血管的

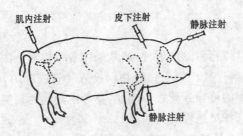

图 5-2 猪的注射部位

地方。猪多在耳后、臀部股后肌肉中注射。一般将针头垂直刺入即可。药量大的应分点注射。

3. **静脉注射法** 猪的静脉注射可选用耳静脉或前腔静脉。耳静脉在耳壳的背面,用手压迫耳根,可使静脉充盈。注射前先将病猪保定好,使头部不能随便摆动。经消毒后,注射时左手捏着耳壳,固定耳静脉,右手持带有头皮针的注射器将针头刺入。如部位正确,有血回流,即可用左手将针头与耳壳一同捏紧,以固定针头在血管中的位置,然后缓缓注入药液。

前腔静脉位于胸腔入口,即第一对肋骨之间的气管腹侧面。注射时将猪仰卧,针头刺入部位在右侧由耳根至胸骨柄的连线上,距离胸骨 1~2 厘米的部位,针头斜向中线,并向下、向胸腔入口第一肋骨间刺入。针刺深度,小猪 1~1.5 厘米,中猪 2~2.5 厘米,母猪 3~3.5 厘米,肥猪 6~7 厘米。

4. **腹腔注射法** 大剂量补糖补液时若静脉注射有困难,可采用腹腔注射。刺激性药物要稀释至一定的浓度。吸收困难的药物一般不做腹腔注射。将猪保定好(站立或仰卧保定),左手先在最后 2 对乳头间偏离正中线位置捏起腹部皮肤,右手用针头垂直刺入腹腔,针头能自由活动时,可将药物缓缓注入,注射前、后要注意消毒。

(三)猪的投药法

临床治疗用药,除注射外,经常采用各种投药方法。投药准确与否直接影响疗效。如果将药物误投入气管或肺内,会引起异物性肺炎,严重的可导致死亡。因此,要考虑药物的剂型、剂量、刺激性等因素,选择最适宜的方法。

1. 口服及灌服法　多用于水剂药物,经口投入消化道内,是一种简便的投药方法,多用于小猪。保定猪时,猪挣扎嘶叫,喉头敞开,此时若强行灌药,极易灌入气管,发生危险。需用两手将小猪耳根和前肢同时握紧,将猪稍提起或坐在地面上,另一人用棍将口撬开,用注射器或汤匙将药液从口角徐徐灌入。小猪嘶叫时不要灌入,待其稍安静时,先灌少量药液,咽下后再灌少量,直至灌完。

2. 胃管投药法　把胶管从口腔经食管直接插入胃中的方法称胃管投药法。先将猪的两前肢和两后肢分别绑好,使猪横卧于地上,1人按压猪头,用开口器将口打开(图 5-3),固定好开口器,然后在洁净的胶管抹上润滑油或用水浸湿,从开口器圆孔处送入口腔,到咽喉处稍停片刻,待猪发生吞咽动作时,再迅速顺势插入胶管。如猪发生咳嗽、喘气或胶管内有呼吸音,表明插入气管内,必须抽出另插。通过检查证实已插入食管后,把胶管接上漏斗,将药液灌入胃内。

图 5-3　猪的开口器

3. 舐剂投药法　用光滑的长条木板或竹片制成的舐剂板,先将药物调成糊状抹于板上。保定好病猪,使头稍抬高,用木棒撬开猪嘴,用舐剂板将药糊涂在猪的舌根部,取出木棒,让其自然吞下。

三、猪的主要传染病

猪口蹄疫

口蹄疫是偶蹄兽的一种急性、热性传染病,病原为口蹄疫病毒。猪口蹄疫传播快,发病率高,应高度关注,严防严控。

【症　状】　潜伏期为 1～2 天,有时较长。主要症状表现在蹄部。病初体温升高至 40℃～41℃,精神不振,食欲减退。蹄部皮肤上出现红热斑块,不久形成水疱。开始时,水疱仅有小米粒至绿豆大,后融合在一起,达蚕豆大。水疱破溃后,表面出血,形成糜烂面,边缘附有上皮碎块。如果继发感染,严重者侵害蹄叶,致使蹄壳脱落,蹄部不能触地,常卧地不起。多数病猪蹄壳逐渐脱落,要脱的蹄壳颜色发暗。病猪的鼻盘、齿龈、舌等部位也可出现水疱。少数病例母猪的乳房和乳头的皮肤上亦发生水疱。

病猪病死率不高,但仔猪并发肠炎和心肌炎后病死率可达60%～80%。

【防　治】

第一,坚持自繁自养。如买猪时调查疫情,买回后隔离检疫,泔水煮沸喂猪,实行圈养等措施。

第二,定期消毒。圈舍、用具消毒可用 2%～3% 热火碱溶液,或 20% 新鲜生石灰乳,或 30% 热草木灰水或猪栏喷 1：500 强力消毒灵(含氯消毒剂)。

第三,注射猪口蹄疫灭活疫苗。种猪每年 3 月上旬、7 月上旬和 12 月上旬各免疫 1 次,每次每头 4～5 毫升。仔猪断奶时首免,间隔 2～3 周二免。后备猪 5 月龄 3 免。用量按说明书使用。

第四,当猪场有疑似口蹄疫发生时,就地隔离。在有疑似病例的圈舍地面周围铺一层稻草或麻袋,并将其用过氧乙酸消毒液浸湿,同时用 0.1% 过氧乙酸、0.2%～0.3% 火碱带猪喷洒消毒。对健康猪立即免疫预防。母猪、肥育猪立即注射猪口蹄疫疫苗 3～4 毫升,间隔 2～3 周再注射相同剂量的疫苗加强 1 次。哺乳仔猪和保育猪,应立即注射合成肽疫苗 1 头份,间隔 2～3 周再注射 1 头份合成肽苗。

猪水疱病

猪水疱病是由病毒引起的一种只发生于猪的传染病。大猪、小猪都可发生,具临床症状的病猪、潜伏期的猪和痊愈猪是主要传染源。病毒存在于病猪水疱液、水疱皮和淋巴结中,其他如血液、肌肉、内脏、皮毛中也含有病毒。病猪的水疱液、水疱皮,屠宰后的头、蹄、血、肉、内脏等污染了饲料、饮水及用具,就可以通过健康猪消化道感染,也可通过皮肤或黏膜的伤口感染。一年四季都可发生,一般冬、春季节最易流行。本病传播快、发病率高,对养猪业威胁很大。

【症　状】　潜伏期一般为 2～5 天。主要症状是蹄部发生水疱,由米粒大至黄豆大。水疱常连成一片,经 1～2 天破溃,以后结痂。病猪行走困难,若继发感染,则不能站立,爬行或卧地不起。少数病猪的鼻盘、口黏膜和舌部发生水疱和溃疡。部分母猪的乳房也出现水疱。病初体温升高,食欲减退。本病与口蹄疫的症状相似,需要进行实验室诊断才能确诊。

【防　治】　参看猪口蹄疫。

疫区紧急接种水疱病弱毒疫苗,肌内注射,每头 2 毫升。

猪　瘟

猪瘟又称烂肠瘟,是一种急性传染病,以出现急性败血症及消化道炎症为特征。不论猪的品种和大小,一年四季都可发生,而且流行广、危害大,目前猪瘟仍是危害我国养猪生产的第一大病。据万遂如教授介绍,种猪场的阳性率达31.1%。病猪的血液、内脏、肌肉、唾液、粪尿中都含有这种病毒。一般是通过消化道感染,有时也可以从呼吸道、眼结膜和皮肤伤口感染。发生过猪瘟的场地上的蚯蚓,病猪体内的肺丝虫,都是自然界的带毒者。

【症　状】　潜伏期5～7天。依照病程的长短,可以分为最急性、急性、慢性和非典型性4种类型。

(1)最急性型　此型少见,多发生在流行初期,病猪常无明显的临床症状而突然死亡。

(2)急性型　病猪发高热,体温达40℃～42℃,连续几天不退热,拱背,周身颤抖,被毛粗乱,嗜睡,常挤卧墙角或钻进垫草。喂食时,只吃几口就不吃了,喜欢滚脏水和喝脏水。结膜发炎,眼角流出黏液性或脓性分泌物。先便秘,后腹泻。耳后、腹下、腋窝、股内出现红斑,按压不退色。后腿晃动,站立不稳。公猪阴茎包皮肿大,用手可挤出很臭的黄白色液体。最后卧地不起而死亡。

(3)慢性型　病猪逐渐消瘦,不吃或少吃,咳嗽,腹泻,精神不振,皮肤上有紫斑或坏死痂,20～30天死亡。个别猪即使痊愈,身体也很弱,生长不好,而且还带毒,成为传染源。

(4)非典型或温和型　非典型猪瘟目前发生最多,危害最大。猪感染猪瘟病毒,但不表现临床症状,可持续向外排毒;母猪带毒表现为繁殖障碍,流产、早产、产死胎或木乃伊胎,不发情或不孕等;仔猪先天性感染(胎盘垂直感染),表现为生后衰弱,排稀便,陆续死亡,也有在20日龄左右或断奶前后发生严重死亡,偶有发生先天性震颤的。

【防　治】

第一,自繁自养,防止买猪带进疫病。

第二,泔水煮沸后喂猪。

第三,保持猪舍清洁干燥,定期消毒。

第四，接种猪瘟疫苗，这是最可靠的方法。种公猪每年 3 月份、9 月份各免疫 1 次，每次 2 头份。生产母猪产后 25～30 天免疫 1 次，每次 2 头份。仔猪 21 日龄、63 日龄各免疫 1 次。后备猪，于配种前 50 天免疫 1 次。

在猪瘟流行疫区内，或被严重污染的猪场，可采用超前免疫法。但必须严格操作，指定专人负责，每产出 1 头仔猪立即注射猪瘟活疫苗 0.5～1 头份，编号放入保温箱中，于 90 分钟后方令其吮乳。吃初乳前，可给葡萄糖和多种维生素溶液口服。在仔猪 60～70 日龄再注射 4 头份猪瘟细胞培养活疫苗。

对于因超前免疫而出现反应的仔猪，可试用以下方法救助：①0.1％肾上腺素 0.5～1 毫升，皮下注射；②10％葡萄糖注射液 5 毫升，地塞米松注射液 1 毫升，混合后腹腔注射。

个别猪（尤其是纯种猪）有可能产生过敏反应，可用强力解毒敏和肾上腺素等抗过敏药物进行脱敏治疗。

选择疫苗要慎重，必须选用正规厂家生产的疫苗。

第五，一旦发生猪瘟，应隔离病猪，严格封锁疫区。用 2％火碱水、20％生石灰乳、5％漂白粉、1∶800 消毒威、1∶800 卫康、1∶300 消杀威、1∶600 菌毒消等对本病毒有很强的杀灭作用，还可用 30％热草木灰混合液消毒。对未发病的猪紧急注射猪瘟疫苗。病猪急宰，肉经高温处理后利用，死猪和没有利用价值的病猪应火化或深埋。

第六，外地购种猪或猪苗，先进行猪瘟疫苗注射，7 天后观察无病才能运输，在隔离舍观察 14 天，无病才能进场饲养。

猪 流 行 性 感 冒

猪流行性感冒是一种急性呼吸道传染病，是由猪流行性感冒病毒引起的。据中国畜牧兽医学会家畜传染病学分会秘书长万遂如教授介绍，我国猪群主要存在 H_1N_1，H_3N_2，H_9N_2 感染，其中

H_1N_1 阳性率为 47％，H_3N_2 阳性率为 28％。饲养管理不良，气候突然变化，最容易造成本病流行。

【症　状】　本病潜伏期为 2～7 天。体温升高，精神不佳，食欲减退，眼结膜潮红，口、眼、鼻流出黏液样分泌物，先稀后浓。至第三天，一般体温达到最高峰，常可超过 41.5℃，有的高达42.5℃，精神委顿，完全废食。呼吸困难，呼吸次数和心跳次数增加，后期咳嗽气喘，呈腹式呼吸，尿量减少，多数便秘，少数腹泻。四肢酸软，不爱行走，后期有的卧地不起，有的关节肿胀，跛行，出现阵发性抽搐，常昏迷而死。本病发病率很高，病死率较低，一般为 1％～4％。临床上本病易继发和并发感染胸膜肺炎放线杆菌、副猪嗜血杆菌、猪呼吸繁殖障碍综合征病毒、巴氏杆菌、链球菌、弓形虫等，使疫病更为复杂，病情加重，死亡率增加，损失更严重。有发生并发症的，病死率可能超过 10％。

【防　治】　预防本病目前主要靠一般的卫生防疫措施。

第一，坚持自繁自养，防止买猪带进疫病。

第二，定期消毒。1∶50 碘酸、1∶1000 卫康、1∶1000 消毒威、1∶300 消杀威、5％碘伏等对猪流感病毒均有很强的杀灭作用。用 2％火碱水或 5％生石灰乳消毒圈舍及周围环境。

第三，加强管理，注意保温和通气。季节更替前后和气候突变时，应特别注意猪舍保暖，改善饲养管理，以增强机体的抵抗力。

第四，对本病目前尚无特效治疗药物，使用抗生素（如青霉素、链霉素）、磺胺类药（如磺胺嘧啶 、长效磺胺），对预防和治疗混合感染、控制并发症有很好的效果。同时，要加强对病猪的护理。

第五，对症用下列方法治疗：①酵母片 20～60 片，加人工盐10～30 克，混合后共研成粉末，拌入饲料中，每天喂 1 次，连用 3天；②用 30％安乃近 3～5 毫升，或复方奎宁，或复方氨基比林注射液 5～10 毫升，肌内注射；③鸡蛋清 1 个，加入青霉素 40 万单位，溶解后肌内注射；④苍耳子 35 克，炒焦研粉，拌入料内喂猪；

⑤茶叶 150 克,开水冲后加入绿豆粉 300 克,白矾 20 克,给猪喂服;⑥萝卜 2 千克(切丝),葱 15 根,生姜 20 克,水煎内服;⑦绿豆粉 150 克,白糖 60 克,麻油 60 克,鸡蛋清 2 个,混合灌服(引自郭宝忠《高效养猪技术 300 问》);⑧用 1%食用醋精喷猪有良好缓解作用;⑨用银翘解毒丸,中猪每次 2 粒,每天 1～2 次。

第六,免疫接种。小猪在断奶后接种猪流感病毒 H_1N_1 或 H_3N_2 灭活疫苗;母猪在配种前、配种后或分娩前 4 周接种。人发生 A 型流感时,应防止病人与猪接触。国外已制成流感病毒佐剂灭活苗,经 2 次接种后,免疫期可达 8 个月。

猪　痘

猪痘又叫猪天花,是由病毒引起的一种传染病。病毒随着皮肤痘疹的渗出液和脱落的痂皮而散布于环境中。病猪和健康猪直接接触,经过损伤的皮肤而感染。虱子、蚊子、苍蝇也能传播本病。

【症　状】　猪痘的潜伏期为 4～7 天。本病的典型症状是出痘疹。痘疹主要出现在皮薄毛少的部位,如鼻镜、眼皮、四肢内侧和腹部等。开始皮肤上出现红点,后扩大成硬固的丘疹,高出皮肤表面。2～3 天后丘疹扩大到 1 分硬币大,变成半球形,很快结成痂块。病猪皮肤发痒,常在墙壁、栏柱上摩擦,流出血样液体,沾上泥土、垫草,结成厚壳。另外,在口腔、咽喉、气管、支气管内均可发生痘疹,若管理不当继发肺炎、胃肠炎、败血症等,最后发生死亡。

【防　治】

第一,注意圈舍卫生和消毒。

第二,消灭猪虱。

第三,立即隔离病猪和可疑病猪。目前对猪痘还没有特效疗法,一般也不需要治疗。对有继发感染的猪,可用抗生素或磺胺类药物治疗。

第四,对局部痘疹可涂 2%～5%碘酊或各种软膏。脓疱发生破溃时,可先用 0.1％高锰酸钾溶液洗涤,再涂 2％龙胆紫溶液或 5％碘酊。

第五,用强力消毒灵 1：500 倍稀释液喷猪身。

猪 细 小 病 毒 病

猪细小病毒病可引起猪的繁殖障碍,故又称繁殖障碍病。其特征是被感染的怀孕母猪特别是初产母猪,产死胎、畸形胎和木乃伊胎,而母猪本身无明显症状。病原体为细小病毒科的猪细小病毒。该病毒能凝集豚鼠、鸡、大鼠和小鼠等动物的红细胞,对高热、消毒药物和酸碱的抵抗力均很强。

【症　状】　急性感染的仔猪和母猪,通常没有明显症状,但在其体内很多的组织器官(尤其是淋巴组织)中均有病毒存在。

怀孕母猪被感染时,主要症状为发情不孕,或产死胎、木乃伊胎,或只产出少数仔猪。在怀孕早期感染时,可因胚胎死亡而被吸收,使母猪不孕或不规则地反复发情。怀孕中期感染时,则胎儿死亡、脱水,变成木乃伊胎,产出木乃伊化程度不同的胎儿和虚弱的活胎儿。怀孕后期(70 天后)感染时,则大多数胎儿能存活下来,并且外观正常,但可长期带毒排毒,使本病在猪群中长期存在。

【防　治】

第一,目前尚无有效的治疗方法,应以预防为主。

第二,从无病猪场引进种猪,防止带毒母猪进入猪场。

第三,用我国生产的猪细小病毒灭活疫苗,对初产母猪和育成公猪于配种前 1～2 个月接种 1 次,可预防本病发生。间隔 2 周再接种 1 次,效果更好。经产母猪于分娩后或配种前 2 周进行免疫。种公猪应每半年免疫 1 次。怀孕母猪不宜接种。耳根深部肌内注射,每头每次注射 2 毫升。由于 3 胎以上母猪可获得终生免疫,因而可不再进行细小病毒疫苗免疫。

第四,猪舍要保持清洁卫生,定期消毒,污物要进行彻底处理。

用2%火碱水溶液、0.5%漂白粉、0.5%强力消毒灵、2%菌毒敌、1∶800卫康、1∶300消杀威等对细小病毒均有很强的杀灭作用。

猪繁殖与呼吸综合征(蓝耳病)

猪繁殖与呼吸综合征,现已确认其病原体为有囊膜的核糖核酸病毒,呈球形。根据其形态及基因结构归属于动脉炎病毒属。该病是新发现的一种接触性传染病。病毒从鼻分泌物、粪便等途径排出体外,可通过空气、接触、胎盘、交配等方式传播。卫生条件差,气候恶劣,饲养密度高,频繁调进猪时,可促进本病发生。猪是唯一的易感动物,主要侵害繁殖母猪和仔猪。本病在小型猪场和散户发病严重。临床上蓝耳病多与圆环病毒、支原体肺炎,蓝耳病与猪瘟、副猪嗜血杆菌,蓝耳病与猪流感、传染性胸膜肺炎并发感染;或继发猪肺疫、链球菌病、大肠杆菌病和附红细胞体病。发病率20%,死亡率30%左右。

【症状】

(1)母猪　反复厌食、发热、嗜睡、流产(多发生于妊娠后期)、早产、死产。死产胎儿常自溶,水肿,皮肤呈棕褐色,偶见木乃伊胎。活产的仔猪体重小而衰弱。经2~3周后母猪开始恢复,可以重新配种、怀孕和分娩,但配种的受胎率可降低50%,发情期推迟。

(2)公猪　表现厌食、沉郁、嗜睡并有呼吸道症状。精液质量暂时下降,精子数量减少,活力低。

(3)肥育猪　症状较轻,仅表现5~7天厌食,呼吸增数,不安,易受刺激,体温升高,皮肤瘙痒,生长迟缓,有时发生慢性肺炎。

(4)仔猪　呼吸困难严重,张口呼吸,流鼻涕,不安,侧卧,四肢划动。有时可见呕吐、腹泻、拱背、消瘦、瘫痪、运动失调及多发性关节炎等症状。仔猪的病死率可达到50%~60%。

【防　治】

第一，免疫接种。种公猪，每年 3 月、9 月各免疫 1 次，每头 4 毫升。母猪分娩前 1 个月免疫 1 次，每头 4 毫升。仔猪断奶首免，1 月后加强免疫 1 次，每头 2 毫升。后备母猪分别于配种前 25 天、配种前 15 天各免疫 1 次，每头 2 毫升。

第二，不从发生本病的地区或猪场引进种猪与精液，防止将本病带入猪群。

第三，对引进的猪需隔离检疫 1 个月以上。猪场实行全进全出制，防止本病从较大龄猪传给小龄猪。

第四，焚烧与该病有关的死胎和死亡仔猪。

第五，用生物活菌"赐美健"、"乳霉生"等净化猪体内小环境和体外环境（按说明书使用）。

第六，严格防疫消毒工作。用 1：800 消毒威、1：800 卫康、1：400 菌毒消、1：500 全安、1：300 消杀威、1% 强力消毒灵等对蓝耳病病毒均有很强的杀灭作用。

第七，用药保健。用药的目的主要是控制细菌性疾病的继发感染。如链球菌、沙门菌、大肠杆菌、副猪嗜血杆菌、支原体病等。每吨饲料：强力霉素 250～300 克，或阿莫西林 300 克，或磺胺六甲氧 300～400 克，连用 6～7 天。

第八，药物预防仔猪蓝耳病。在广东、浙江、河南等地多家大型养猪场推出"母仔平安"保健方案的疗效证明，妊娠母猪自进入产房后，在基础饲料中添加替米考星（商品名：普清）600 克和扶正解毒散（商品名：佳免）3 千克拌入 1 吨饲粮，直至仔猪断奶，能有效提升猪体免疫功能，突破免疫抑制，达到净化猪场的效果。这种保健方案，母猪产后恢复快，奶水充足，机体免疫力高，产后乳房炎和呼吸道、肠道疾病得到有效控制。仔猪出生后免疫力水平高、抗体滴度整齐；无蓝耳病症状，胸膜肺炎放线杆菌、副猪嗜血杆菌、支原体等得到有效控制；小猪生长情况良好，仔猪断奶成活率和断奶重明显优于对照组（引自 2009 年《养猪》3 期、4 期，华南农业大学实验兽药厂，电话：020-85282584）。

伪狂犬病

本病又称阿氏病，是由病毒引起的家畜及野生动物的急性传染病。常在猪群中呈散发性发生。免疫不好的猪群，常见哺乳仔猪发病，死亡率达 100％。成年猪一般呈隐性感染，感染后终生带毒，出现免疫抑制。怀孕母猪发生流产，仔猪感染后出现明显的神经症状和全身反应，病死率较高。本病以发热、奇痒及脑脊髓炎为特征。

【症　状】　仔猪突然发病，体温升高到 41℃ 以上，精神沉郁，呼吸困难，流涎，呕吐，腹泻，步态不稳，四肢运动失调，间歇性痉挛，全身颤抖，后躯麻痹，常伴有癫痫样发作及嗜睡、转圈等，神经症状出现后 1～2 天死亡，病死率可达 90％～100％。母猪产后无奶，部分表现为咳嗽、发热、精神不振。妊娠母猪可发生流产、木乃伊胎、死胎。有的母猪不发情、配不上种，返情率高达 90％，有的反复配种数次都屡配不上，耽误了整个配种期。60 日龄以上的猪感染本病，症状轻微或呈隐性感染，病猪食欲减退，有的出现咳嗽和呕吐，一般经 3～5 天后便可自然康复，有时甚至不被人们所发觉。公猪感染后常无明显的临床症状，但性欲低下，配种能力差，死精增多，并可通过配种而传染给母猪。

【防　治】
第一，捕杀猪舍的鼠类及野生动物等。
第二，隔离病猪，消毒猪舍及用具，防止本病扩散。消毒药剂用 2％～3％氢氧化钠溶液。
第三，必要时可用高免血清或康复猪血清进行紧急预防注射，可降低病死率。
第四，该病主要靠接种疫苗预防。注射伪狂犬病油乳剂灭活疫苗。种公猪每年 3 月份、9 月份各免疫 1 次,每次 1～1.5 头份。母猪产前 1 个月免疫 1 次,每头 1～1.5 头份。仔猪断奶后 2～3 周首免,间隔 2～3 周 2 免。后备猪配种前 1 个月免疫 1 次。目前华中农业大学武汉科前动物生物制品有限公司生产销售的伪狂犬病疫苗,为双基因缺失活疫苗,对预防伪狂犬病的效果较好。

第五,肥育猪场发病的处理方法。为了减少经济损失,可采取全面免疫的方法,除发病乳猪、仔猪予以扑杀外,其余仔猪和母猪一律接种伪狂犬病弱毒疫苗(K$_{61}$弱毒株)。乳猪第一次注射 0.5 毫升,断乳后二免 1 毫升;3 月龄以上的中猪 1 毫升;成年猪及怀孕母猪(产前 1 个月)2 毫升。

第六,用河南正好兽药有限公司生产的针剂兰霸,每千克体重 0.15 毫升,1 天 2 次;或毒必康配合清热,每千克体重 0.1 毫升,1 天 2 次。连用 3～5 天。

第七,定期消毒。1％火碱水溶液、5％石炭酸、1:1000 卫康、1:1000 消毒威、1:600 菌毒消等对猪伪狂犬病病毒均有很强的杀灭作用。

仔猪断奶多系统衰弱综合征(PMWS)

本病的主要病原是圆环病毒Ⅱ型(PCV$_2$)。发病日龄从断奶前到 16～18 周龄,几乎可以影响所有的养猪阶段。据万遂如教授介绍,圆环病毒Ⅱ型在我国猪场普遍存在,种猪场阳性检出率达 82％,在病死猪中检出率为 100％。病猪咳嗽,呼吸困难,消瘦。多种抗生素使用效果不理想,造成严重的经济损失。

【症　状】 发病猪首先表现为发热(一般不超过 41℃),食欲减退,继而出现消瘦,被毛粗乱,皮肤苍白或黄染。肌肉衰弱无力,精神差,呼吸困难等症状。个别猪眼睛有分泌物,腹泻,腿部、肘关节和膝关节肿胀。剖检特征为全身淋巴结肿大和心包炎、胸膜肺炎、腹膜炎等。发病率在 20％～30％,个别猪场可达 60％,病死率可达 20％以上。

本病常与猪繁殖和呼吸综合征、猪伪狂犬病、猪细小病毒病等疫病混合感染。

【防 治】

第一，根据初步诊断，猪场有这种病发生，母猪在产前、产后各7天，按每吨饲料中添加 80％支原净 125 克，15％金霉素 2.5 千克，阿莫西林 150 克。断奶仔猪按每吨饲料中添加 80％支原净125 克，15％金霉素 2.5 千克，或强力霉素 150 克，阿莫西林 150克，连续使用 15 天。用药过程中饲料中还需添加电解质和维生素。并要求猪场改善饲养管理，特别是注意保温和通风的平衡。

通过在饲料中添加以上药物，有 4 个猪场在 20 天内控制了新病例的出现，发病较轻的猪临床症状基本消失，但病情严重的仔猪没有明显的改善（李庆怀，《养猪》2003 年第一期）。

第二，猪圆环病毒病及防治，采用预防性投药，对控制细菌源性的混合感染或继发感染，是非常必要的。以下药物预防方案可以试用。仔猪用药：哺乳仔猪在 3 日龄、7 日龄、21 日龄各注射 1次得米先（长效土霉素 200 毫克/毫升），每次 0.5 毫升；或者在 1日龄、7 日龄和断奶时各注射速解灵（头孢噻呋，500 毫克/毫升）0.2 毫升。断奶前 1 周至断奶后 1 个月，用支原净（50 毫克/千克）加金霉素或土霉素或强力霉素（150 毫克/千克），拌料饲喂；同时用阿莫西林（500 毫克/升）饮水。母猪用药：母猪在产前 1 周和产后 1 周，饲料中添加支原净（100 毫克/千克）加金霉素或土霉素（300 毫克/千克）（何锡忠、钱永清等，《养猪》2004 年第三期）。

第三，据报道，某猪场制作自家组织疫苗在预防此病上很有效。采用病猪小肠、脾、淋巴结、颌下腺、肺等脏器用组织捣碎机捣碎，制作自家组织疫苗，每头仔猪 18 日龄时接种 4 毫升，此猪场再无一例病猪出现。

第四，给哺乳仔猪注射圆环病毒病疫苗。目前，国内已有多个单位开始研究圆环病毒病疫苗,试用效果较好。如广东省农来科学院兽医研究所研制的疫苗,在仔猪出生后 5～10 日龄每头肌内注射 0.5～1 毫升,20～25 日龄每头肌内注射 1.5 毫升,基本控制了仔猪断奶后的圆环病毒病的发生。对已发病的仔猪,每头肌内注射 2 毫升,可缓解病情状况。南京农业大学农业部动物疫病诊断与免疫重点实验室研制的猪繁殖与呼吸综合征圆环病毒二联灭活疫苗,颈部肌内注射。母猪产前 15～30 天免疫,每头 4 毫升。仔猪 2 周龄免疫,每头 2 毫升,间隔 2～3 周加强免疫 1 次。该苗针对性强,安全可靠,可有效降低发病率和病死率。

第五,加强饲养管理。保证仔猪的饲料营养水平,降低饲养密度,尽量提高仔猪的抵抗力。仔猪在保育期每平方米猪舍饲养2～3 头为宜,温度应控制在仔猪最适宜温度范围之内,要求通风良好,防贼风和空气污浊。严格实行全进全出,是控制传染病的必要措施。每批猪之间做到空栏彻底清洗消毒,以减少各种病原的数量,降低感染水平。对早期发现的疑似感染病猪及时诊断、隔离治疗、淘汰瘦弱猪。灭鼠可大大降低很多疾病的传播。

第六,定期消毒。0.5％强力消毒灵、3％火碱水溶液、1％菌毒敌、1：800 卫康、1：800 消毒威、1：300 消杀威等对圆环病毒均有很强的杀灭作用。

猪传染性胃肠炎

猪传染性胃肠炎是由病毒引起的一种急性传染病。多发于寒冷的季节,大、小猪都可发病。病猪和康复猪是主要的传染源。病毒长时间存在于病猪的小肠黏膜和肠系膜淋巴结中,可随粪便、呕吐物等排出体外。主要是通过消化道感染。

【症　状】　潜伏期 16 小时至 3 天。仔猪的典型症状是突然呕吐,紧接着出现水泻,粪水呈黄色、绿色或白色,混有奶块。病猪迅速脱水,体重明显下降,吃奶减少或停止,战栗,口渴,消瘦。2～

5 天死亡。1 周龄以内的仔猪病死率达 50％～100％。大猪的主要症状也是呕吐、腹泻，常在 1 周内恢复。

【防　治】

第一，磺胺脒每千克体重 0.1 克（首次量加倍）。每天口服 2 次，每次加等量碳酸氢钠，连用 2～3 天。

第二，黄连素片，每次 0.5 克，口服，每天 2～3 次，连用 2～3 天。

第三，氯化钠 3.5 克，氯化钾 1.5 克，碳酸氢钠 2.5 克，白糖 5 克，加入 40℃的温水 1 升溶解，将药液倒入水槽内，任病猪自由饮用。每天 3～4 次，连用 3～5 天，猪的食欲、粪便可基本正常。

第四，供足清洁饮水和易消化饲料，可使病猪加快恢复，减少仔猪死亡。

第五，用康复母猪的抗凝血和高免血清，每次口服 10 毫升，连用 3 天，对新生仔猪有一定的治疗和预防效果。

第六，注意晚秋至早春寒冷季节的猪群管理（卫生、保暖）。

第七，免疫接种。经产母猪于产前 15 天接种传染性胃肠炎-流行性腹泻二联苗 1 头份；初产母猪于产前 30 天、产前 15 天各接种传染性胃肠炎-流行性腹泻二联苗 1 头份。

对 3 日龄哺乳仔猪主动免疫的安全性达 90％以上，被动免疫保护率达 95％以上。

猪气喘病

猪气喘病又叫猪霉形体肺炎，是一种慢性流行性传染病。天气骤变或营养不良时容易发生。断奶仔猪、怀孕母猪或初产母猪容易感染。病原体是猪肺炎霉形体，存在于病猪体内及分泌物中。病猪、隐性感染猪和痊愈猪是主要传染源。健康猪由于吸入含有病原体的飞沫或接触被病原体污染的用具、饲料、圈舍等而感染。

【症　状】　潜伏期一般为 8～19 天。开始发病时，病猪短声连咳,清晨尤其明显,呼吸加快,每分钟可达 50～60 次,严重时呈犬坐喘气,消瘦,生长不良,常因并发肺炎而死亡。

【防　治】 没有气喘病的猪场要坚持自繁自养,防止买猪带进本病。平时要加强饲养管理,圈舍保持清洁干燥,通风良好,注意防寒保暖,避免拥挤。

发病后要严格隔离,淘汰病猪,更新猪群。培育无气喘病猪群是一项细致的工作。母猪要在严格隔离条件下单圈饲养,观察后代有无气喘病,如能做到母猪互不见面,小猪不串圈,连续观察2～4 窝后代,经检查证明没有气喘病的,可以认为母猪是健康的。从所产仔猪中选育,逐步扩大健康猪群。经过 2～3 年细致的观察和工作,可以培育出无气喘病猪群。病猪和可疑病猪要隔离饲养,可用土霉素盐酸盐治疗,每天每千克体重用药 20～40 毫克,第一次用加倍量,肌内注射,每天 1 次,5～7 天为 1 个疗程,必要时可再注射 1 个疗程。卡那霉素也有一定的疗效,与土霉素交替使用可提高疗效。金霉素按每千克体重 25 毫克拌入饲料,连服 5～10天。猪喘平按每千克体重 2 万～4 万单位,肌内注射,每天 1 次,5天为 1 个疗程。也可试用鸡蛋清 5～10 毫升,在猪颈部肌内注射。用中牧安达药业有限公司生产的替尔康治疗,饲料中添加 200 毫克/千克饲料浓度的替尔康原粉,连用 5～7 天即可。若有其他病菌混合感染,可在每千克饲料中另加 150 毫克金霉素。

病猪分别肌内注射信得蓝环双博和福莱欣(用灭菌水稀释),均为每千克体重 0.2 毫升,每天 1 次,连用 3 天。饮水中添加支原清(泰妙菌素),每 100 克对水 400 升,连用 5～7 天。用弱毒菌苗接种,现有成年兔肺冻干菌苗、乳兔肌肉冻干菌苗、鸡胚卵黄囊冻干菌苗 3 类。保护率 80％以上,免疫期 1 年。该弱毒苗可用于 7日龄以后各月龄的猪、妊娠母猪和公猪。免疫方法有气溶胶、滴鼻、气管和胸腔接种。以胸腔接种最佳,易于操作,无副作用。该苗肌内接种无效。

目前国内使用的支原体疫苗(喘气病灭活苗)大都是国外企业生产的,灭活苗为国外生产的新型佐剂和双重佐剂注射喘气病灭活苗控制喘气病的效果比较理想。3～10 日龄仔猪,首次耳后部肌内注射 1 头份,首免后间隔 3 周再次耳后肌内注射 1 头份。

猪 丹 毒

猪丹毒俗称"打火印",是由猪丹毒杆菌引起的传染病。一年四季均可发生,多发生在 5～8 月份。主要危害 3～6 月龄的猪。病猪内脏、血液、心内膜、关节等处都含有这种病菌。该菌散布于自然界后,可在有机质丰富的土壤中长期生存。一般是通过消化道和皮肤伤口感染。

【症　状】　潜伏期一般为 3～5 天,也有短至 1 天、长至 8 天以上的。一般分为急性(败血型)、亚急性(疹块型)和慢性 3 种类型。

急性型:发病很急,体温高达 42℃～43℃,减食或忽然停止采食,呈稽留热。病猪卧地不起,常发寒颤,精神不振,喜喝水,眼红,步态不稳,低头拱背。病初粪便干燥,后期腹泻。有时在病后不久或临死前整个下腹部和体侧下部呈弥漫性潮红,用手指按压红色消失,一离开又恢复为红色。多数猪发病后 2～4 天死亡,病死率达 80%以上。

亚急性型:病势较轻,以皮肤上出现疹块为特征。病猪发热,体温上升到 40℃～41℃,精神不振,不想吃食。体温升高后 1～2 天,即在背、胸、颈和四肢出现方形、圆形或菱形的疹块。疹块深红色或黑紫色,有热感。疹块出现后,病猪体温逐渐下降,症状减轻。几天后疹块消退,并形成干痂脱落。病程 10 天左右,病死率低,为 1%～2%。

慢性型:大多数由急性或亚急性丹毒转化而来,主要症状为关节炎、心内膜炎,或两者并发。关节热痛肿胀,行动困难,甚至跛行。慢性心内膜炎病猪,生长发育不良,贫血,体弱无力,驱赶时呼吸困难。

【防　治】　除做好一般性的防治工作外,主要措施是每年春、秋两季定期注射猪丹毒氢氧化铝甲醛菌苗。体重10千克以上的断奶仔猪一律皮下注射菌苗5毫升,体重10千克以下的断奶仔猪或尚未断奶的仔猪,皮下注射3毫升,1个月后再补注3毫升。注射后21天产生免疫力,免疫期为6个月。

现在多采用猪瘟单苗、猪丹毒-猪肺疫二联苗分别使用,或单独应用猪丹毒活疫苗单苗及猪肺疫单苗免疫。45日龄至100龄:肌内注射1~2头份猪丹毒-猪肺疫二联活疫苗。100日龄以上育肥猪:肌内注射2~4头份猪丹毒-猪肺疫二联活疫苗。公、母猪:根据情况可春、秋两次普防,每次肌内注射4头份猪丹毒-猪肺疫二联苗。

猪圈定期用20%生石灰乳喷洒消毒,每年进行1~2次。发病猪要隔离治疗,将圈舍彻底消毒。

治疗方法:①按每千克体重肌内注射青霉素1万单位,每天2次,青霉素对猪丹毒有特效,注射时应配合强心剂安钠咖或复方氨基比林5毫升;②如果发现有的病猪用青霉素治疗无效,可改用盐酸土霉素,每次每千克体重肌内注射20~40毫克,每天1~2次,连用3天;③10%磺胺噻唑钠20~40毫升,肌内或静脉注射,每天1~2次;④用河南正好兽药有限公司(郑州市东风渠路中段8号;电话:0371-65862179)生产的顶新和链乳康肌注治疗。顶新按每千克体重0.2毫升,3天1次,连用2次;链乳康按每千克体重0.2毫升,1天1次,连用3天。以上两种方案同时配合热清,每千克体重0.1毫升,肌内注射,1天1次;或用冰神,每千克体重0.1毫升肌注,1天1次。

猪　肺　疫

猪肺疫又叫巴氏杆菌病、猪出血性败血症、锁喉风，是由多杀性巴氏杆菌所引起的一种急性、热性传染病，以急性败血症和器官出血性炎症为主要特征。一般是通过消化道感染，呼吸道感染是次要的传染方式。病原体平时也存在于猪的上呼吸道，但多半为弱毒或无毒型。由于饲养管理不善、受寒感冒、长途运输或极度疲劳等原因，病菌侵入机体繁殖，增强毒力，诱发感染。这种内源性感染为主的猪肺疫多为散发。流行性猪肺疫则以外源性感染为主，病猪是主要传染源。本病一年四季都可发生。在我国南方多发生于潮湿、闷热多雨季节，北方以秋末、春初发病较多。中小猪多发。有的与猪瘟、猪气喘病、猪传染性胸膜肺炎等一起发病或继发。

【症　状】　潜伏期短的1～3天。一般可分为最急性型、急性型和慢性型3种类型。

最急性型：病猪突发高热，呼吸困难，喘气，精神不振，不食，耳根、颈部、腹侧、下腹部出现红斑。较典型的症状是颈下咽喉部急剧肿大，触诊坚硬，有热痛。有时口、鼻流白色泡沫，最后呼吸非常困难，窒息而死。病程1～2天，病死率较高。

急性型：病猪发热，呼吸困难，鼻流脓样黏稠液，干咳，气喘。初便秘，后腹泻，有时混有血液。皮肤有红色斑点，指压退色。关节脓肿，消瘦无力，多在病后4～7天死亡。

慢性型：病猪体温一般不高，主要表现为慢性肺炎和慢性胃肠炎症状。食欲时好时坏，呼吸急促，持续咳嗽，偶尔气喘，逐渐消瘦。有时发生关节炎。后期腹泻，粪便恶臭，经2～3周，终因衰弱而死亡。

【防　治】

第一，由于部分健康猪的上呼吸道带有病原菌，发病与应激因素有关,舍内过冷、过热、拥挤、潮湿,长途运输,都能降低猪的抵抗力。所以要加强饲养管理,尽量消除应激因素。

第二,每年春、秋两季定期预防接种。目前使用的菌苗,一种是猪肺疫氢氧化铝甲醛菌苗,大、小猪一律皮下接种 5 毫升,注射后 14 天产生免疫力,免疫期 9 个月。一种是口服猪肺疫弱毒冻干菌苗,按瓶签说明将菌苗用水稀释后,混入饲料或饮水中喂猪,使用方便,服后 7 天产生免疫力,免疫期为 6 个月。还有猪瘟、猪丹毒、猪肺疫三联冻干苗,或猪瘟、猪肺疫二联冻干苗,或猪丹毒、猪肺疫氢氧化铝二联灭活苗免疫。按产品介绍方法接种。

第三,发病后立即隔离病猪,圈舍消毒,烧掉垫草。治疗可选用青霉素和土霉素,剂量和用法同猪丹毒;也可用 20% 磺胺噻唑钠注射,20～40 毫升(50 千克体重剂量),肌内注射,每隔 4～8 小时注射 1 次,连续 2～4 次;或磺胺噻唑,6～10 克(50 千克体重剂量),加适量水,1 次灌服,每日 2 次,直到体温下降为止。

第四,早期可应用多价抗出血性败血症血清进行治疗,小猪 20～30 毫升,中猪 30～50 毫升,大猪 50～100 毫升,1 次皮下或耳静脉注射。

猪链球菌病

猪链球菌病是由多种链球菌引起的。本病以脓肿为主要症状。有的病猪发生大脑炎、中耳炎、心内膜炎、关节炎、肺炎或并发败血症。

【症 状】 本病发病猛,传播快,多出现最急性型和败血型临床症状。

最急性型:多见于新生仔猪和哺乳仔猪,往往不见明显症状而突然死亡。有的病程延长 2～3 天,体温升高,呼吸急迫,精神沉郁并出现神经症状,不久即死亡。

败血型:精神沉郁,食欲下降,体温升高到 41.5℃～42℃,眼结膜潮红,流泪,呼吸浅表而快,流浆液性鼻液,少数病猪在发病后期耳根、腹下、四肢内侧出现紫红色斑。

脑膜炎型:病初体温升高,不食,便秘,有浆液性或黏液性鼻汁。发病中后期出现神经功能紊乱,运动失调,盲目行走或转圈,步态踉跄,倒地后衰竭或麻痹而死亡。病程2~5天,自然致死率80%以上。

关节炎型:表现一肢或几肢的关节肿胀、疼痛,有跛行,甚至卧地不起。

化脓性淋巴结炎症:受害的淋巴结肿胀、坚硬、有热痛感,到化脓成熟时,肿胀的中央变软,皮肤坏死,破溃流脓,然后自愈。

【防 治】

第一,每千克体重用1万单位青霉素肌内注射,每天1~2次,连用2~3天,体温、食欲即可恢复正常。

氯霉素可按猪千克体重10~30毫克,肌内注射,每日2次,连用3~5日;庆大霉素按每千克体重1~2毫克,肌内注射,每日2次,连用3日;磺胺嘧啶注射液按猪每千克体重70毫克,肌内注射,每日2次。

第二,用复方二甲氧苄氨嘧啶治疗,1千克饲料中拌入药物1克,连续饲喂5~7天。

第三,用链乳康注射液治疗,按猪每千克体重0.1~0.2毫升,每天1次,连用3天。猪群中有1头发病应全群注射,连用3天。

第四,对淋巴结脓肿,若脓肿已成熟,可将肿胀部位切开,排除脓汁,用3%双氧水或0.1%高锰酸钾液冲洗后,涂以碘酊,不缝合,几天后可愈。

第五,场地、用具可用5%~10%生石灰乳剂,或2%氢氧化钠溶液,或30%草木灰水消毒。

第六,疫区每年应接种猪链球菌活菌苗2次。生理盐水稀释,皮下注射1毫升或口服4毫升。

仔猪 15～30 日龄,链球菌灭活菌 2 毫升肌内注射或活苗 1 头份皮下注射。

保育期以上猪:链球菌灭活苗 2～3 毫升肌内注射或活菌苗 2～3 头份。

母猪:产前 20～30 天肌内注射链球菌灭活苗 2～3 头份。

第七,药物预防,每吨饲料中加入四环素 125 克,饲喂 4～6 周,可减少本病的发生。每千克断奶仔猪补饲料中加支原净 100 毫克,阿莫西林 250 毫克,金霉素 300 毫克,连用 10 天,可有效预防支原体和链球菌的感染。

仔猪副伤寒

仔猪副伤寒是由猪霍乱沙门氏菌或猪伤寒沙门氏菌引起的、以腹泻为主要症状的热性传染病。病原菌常存在于健康猪肠内,因寒冷及阴雨潮湿、饲养管理不当等各种因素使猪的抵抗力减弱时就会发病。本病主要发生于 2～4 月龄的仔猪,一年四季均可发生,常与猪瘟、猪气喘病并发或继发。

【症　状】　潜伏期一般为 4～6 天,根据临床症状的缓急,可分为急性型和慢性型两种。

急性型:病猪突发高热,达 41℃～43℃。精神委顿,不吃食,呕吐,腹泻,粪便恶臭,并带血或红色黏液,皮肤发红或青色,在下腹部、耳根和四肢蹄部皮肤出现紫红色斑块。常伴有咳嗽和呼吸困难,若治疗不当,数日内死亡。

慢性型:比较常见。病猪体温不定,食欲减退,病期较长。爱喝水,下痢。粪便呈灰白色、黄绿色或暗绿色,常带血,腥臭。精神不振,腰背拱起,四肢无力,走路摇摆。眼结膜潮红,有黏稠分泌物。中后期,腹部皮肤见紫红色血斑。一般几周后死亡。自然康复的病猪,日后生长缓慢或停滞,成为僵猪。

【防　治】

第一，圈舍保持清洁干燥，食槽要经常洗刷，保持干净，粪便要发酵处理。

第二，哺乳仔猪要提前补料，以防乱吃脏物。

第三，根据疫病情况，必要时可在假定健康猪群的饲料中加入抗生素或磺胺类药物预防。

第四，病猪及时隔离治疗。治疗药物可选用土霉素，每天每千克体重内服 50～100 毫克，分 2 次服，连用 3～5 天，或肌内注射，每千克体重 40 毫克，1 次注射。新霉素，口服，每天每千克体重 5～15 毫克，分 2～3 次服。强力霉素，口服，每次每千克体重 2～5 毫克，每天 1 次。用磺胺类治疗，磺胺增效合剂疗效较好。磺胺甲基异噁唑或磺胺嘧啶，每千克体重 20～40 毫克，加入甲氧苄氨嘧啶，每千克体重 4～8 毫克，混合后分 2 次口服，连用 1 周。或用复方新诺明，每千克体重 70 毫克，首次加倍，每天口服 2 次，连用 3～7 天。

也可用黄连 10 克，木香 10 克，白芍 12 克，槟榔 12 克，茯苓 12 克，滑石 15 克，甘草 6 克，共水煎，分 4 次喂，每天 2 次。

生大蒜捣烂，加水少许，每次喂给一小汤匙，每日 2～3 次，或新霉素 200 克/吨，连用 4～5 天。

第五，预防接种。现在多用仔猪副伤寒 C_{500} 弱毒冻干菌苗，成年猪及育成猪每年 3 月和 9 月各免疫 1 次，仔猪于 30 日龄以上开始免疫。菌苗按瓶签注明的头份用 20％铝胶生理盐水溶解稀释，每头猪肌内注射 1 毫升，或者口服免疫，每头份 5 毫升；菌苗也可用冷开水溶解稀释，均匀地拌入少量冷饲料中，让猪自由采食。

保健预防：饲料中可分别添加环丙沙星 200 克/吨或新霉素 200 克/吨，连用 4～6 天。

第六，死猪尸体要深埋，不准食用，防止食物中毒。

仔猪黄痢

仔猪黄痢又称早发性大肠杆菌病。是由大肠杆菌引起的急性肠道传染病,多发生于1~3日龄仔猪。这种病不仅影响仔猪成活率,而且一些重症顽固性病猪即使侥幸成活,日后的生长发育也严重受阻,往往成为久喂不长的僵猪。

【症　状】　仔猪在出生后几个小时至3天内突然发病,病猪肛门松弛,腹泻,排出黄色、稀薄而带黏性的粪水,肌肉震颤,眼球下陷,迅速消瘦,昏迷而死。

【防　治】

第一,我国已相继制成大肠杆菌 K_{880ac}-LTB双价基因工程菌苗、大肠杆菌 K_{88} · K_{99} 双价基因工程菌苗和大肠杆菌 K_{88} · K_{99} · 987P三价灭活菌苗,前两种采用口服免疫,后一种用注射法免疫,均于预产期前15~30天免疫(具体用法参见说明书)。

第二,加强母猪的饲养管理。注意栏舍和畜体的清洁卫生,在新生仔猪第一次哺乳前,先用0.1%高锰酸钾液或0.05%新洁尔灭液消毒母猪乳房、乳头。哺乳猪栏舍内地面、墙壁、食槽等应用生石灰乳或来苏儿、克辽林液等喷洒消毒。同时,要做好栏舍的防潮、保暖工作。

第三,提早补料。在仔猪5~7日龄时,即可开始调教补料。如将粉碎的麦子、碎米等饲料炒黄,熬成粥状,让仔猪舔食。同时在栏内设置清洁饮水盆,在水中加少许高锰酸钾粉,搅匀,使水呈淡红色。

第四,对已患病仔猪,肌内注射黄连素等药物。同时腹腔注射50%的葡萄糖注射液10毫升,每日腹腔注射1次,连用2天。螺旋霉素0.5~1毫升肌内注射,每天2次,连用2天。给母猪服用猪痢停30克,分2次拌料喂服,连用2天。也可通过母猪初乳治疗本病。磺胺类药物口服0.25克,每日3次,连续3天。黄连素口服 0.3 克,每日 3 次,连续 2~3 天。

第五,对刚娩出仔猪在出生后 5 分钟以内,一律皮下或肌内注射磺胺类药,用量为规定剂量的 2~3 倍(即 200 毫克/千克体重)或抗生素,每天 2 次,连用 2~3 天。

第六,微生物制剂疗法。促菌生于吃奶前 2~3 小时,每头仔猪喂 3 亿个活菌,以后每天 1 次,连服 3 天,与药用酵母同时喂服,可提高疗效。乳康生于仔猪出生后每天早晚各服 1 次,连服 2 天;以后每隔 1 周服 1 次,可服 6 周,每头仔猪每次服 0.5 克(1 片)。调痢生(即"8501"),每千克体重 0.1~0.15 克,每天 1 次,连用 3 天。在治疗严重发病仔猪时,可适当增加剂量。在服用微生物制剂期间,禁止服用抗菌药物。

第七,在母猪产前 2~3 天,肌内注射 0.1%亚硒酸钠注射液,每天 1 次,1 次 10 毫升,连注 2 天,或母猪在产前 48 小时内用氧氟沙星 0.3~0.4 毫克/千克体重,肌内注射,每天 2 次,连用 2 天。可以预防本病。

第八,用顶新、肠安康、诺康三种抗菌药治疗,效果很好。

仔猪白痢

仔猪白痢是由大肠杆菌引起的一种传染病。这种大肠杆菌在自然界分布很广,仔猪出生后,随着吃奶、喝水,将这种细菌吞入消化道,在仔猪抵抗力减弱或消化受到影响时,则引起仔猪白痢。母猪年老体弱,分泌奶汁不足,或乳头不干净,仔猪抵抗力弱等,都是本病的重要诱因,以 10~20 日龄乳猪发病率最高。

【症 状】 主要是腹泻。粪呈黄色、白色或灰褐色,像糨糊样,常常带有黏液或血液,有腥臭味。病猪精神不振,四肢无力,病情严重时,背拱起,毛粗乱,不食,喜欢钻进垫草里卧睡,慢慢消瘦而死亡。病程较长的仔猪治愈后,多数变成僵猪。

【防　治】

第一,参阅仔猪黄痢。

第二,加强母猪的饲养管理,合理调配饲料,使母猪泌乳量均衡。

第三,加强母猪产前的运动,保持猪体清洁,圈舍要经常消毒,临产前、后和喂奶时最好用 0.1％高锰酸钾液洗乳头,以保持清洁卫生。

第四,对仔猪提早补料,力争在产后 7～10 天给仔猪营养丰富、多样化、有足够矿物质和维生素的饲料。

第五,有条件的,还可给仔猪补充 0.25％硫酸亚铁和硫酸铜的混合液 15 毫升左右。

第六,仔猪每天应有适当的运动,以增强体质,提高抵抗力。同时注意供给清洁的饮水。

具体治疗方法:①大连医学院研制的促菌生,成都生物制品研究所曾经生产供应,这种药品对仔猪白痢和仔猪黄痢有很好的预防和治疗效果。辽宁省兽医生物药品厂(辽阳市西八里)生产的乳康生为同类产品。治疗按每千克体重口服 3 亿个菌体(每片含 1 亿个菌体或 5 亿个菌体),每天服 1 次,连用 3 天,对仔猪白痢和仔猪黄痢的治愈率可达 90％以上。②每千克体重用土霉素 50 毫克,加水灌服。③锅底灰 60 克,大蒜 15 克,将大蒜捣烂同锅底灰均匀混合,加水拌成糊状,每次 6 克,连服 3 天。④黄柏 3 克,龙胆草 6 克,研末喂服,每天 3 次,连服 2～3 天。⑤鲜薜荔根 1 千克,加水适量,煎成汁,混料中喂猪。⑥新鲜鸡蛋清 2～4 毫升,与用生理盐水稀释的青霉素 2 万～4 万单位混合均匀,给猪肌内注射。⑦敌菌净加磺胺二甲嘧啶,按 1:5 配合,混合后每千克体重 60 毫克服用,首次加倍,每天内服 2 次,连用 3 天。⑧硫酸庆大霉素注射液(5 毫升含 10 万单位),按每千克体重 0.5 毫升肌内注射;配合同剂量口服,每天 2 次,连用 2～3 天。⑨陈醋 100 克,分上、下午 2 次拌入母猪饲料喂下,连服 2～3 天。⑩黄连素片,1 次内服 1～2 片(每片 0.5 克),每日 2 次,连服 2～3 天。⑪白痢散,哺乳母猪每头每天 150 克拌入料内,分上、下午 2 次喂,连服 2 天。⑫石榴皮粉或车前子粉 0.25 千克,每天分 2～3 次喂母猪,连喂 3 天。⑬仔猪出生后第一天和第五天,按每千克体重肌内注射顶新 0.2 毫升 1 次,有很好的预防效果;治疗按每千克体重肌注顶新 0.2 毫升,3 天 1 次。或诺康 0.1 毫升,1 天 1 次,连用 3～5 天。或肠安康 0.1 毫升,1 天 1 次,连用 3～5 天。同时配合口服补液盐对水饮服,能有效补充体液,缓解脱水症状。

仔猪红痢

仔猪红痢又称坏死性肠炎,由魏氏梭菌的外毒素引起。主要发生于 3 日龄以内的乳猪,发病快,病程短,常是全窝发病全窝死亡,4～7 日龄的仔猪即使发病,症状也较轻微。发病季节性不明显。

【症 状】

最急性型:常发生于新疫区。仔猪出生后,当天发病,突然排血便,病猪精神沉郁,不吃奶,走路摇摆,很快呈现濒死状态。在出生的当天或第二天死亡。

急性型:病猪排出红褐色水样便,迅速消瘦和虚弱,多在发病后第三天死亡。

亚急性型:常见于 1 周龄左右的仔猪,排黄灰色稀便,内含有坏死组织碎片,有一定的病死率。

【防 治】

第一,注射仔猪红痢菌苗。初产母猪怀孕母猪于产前 1 个月肌内注射仔猪红痢灭活菌苗 5～10 毫升,过半月再注 1 次,可使仔猪获得良好的免疫力。经产母猪如前胎已注射过此苗,可在分娩前 15 天,肌内注射 3～5 毫升红痢灭活菌苗,对仔猪免疫保护效率达 100%。

第二,产房要清洁干净,严格消毒。临产前做好接产的准备工作,母猪乳头用清水擦净。

第三,仔猪红痢严重的猪场,可将临产母猪转到新产房。产后1周再回原圈,以避过易感日龄。或于仔猪出生后,在未吃初乳前及以后的3天内,投服青霉素,或与链霉素并用,有预防仔猪红痢的效果。仔猪出生后注射顶新注射液1支,或用奇能涂于母猪奶头上让仔猪舔食,都有很好的预防效果。

第四,用顶新、诺康、肠安康3种抗菌药治疗,效果很好,方法与仔猪白痢治疗相同。

猪 痢 疾

猪痢疾是猪的一种严重的出血性下痢。病原体是猪痢疾密螺旋体。各种年龄的猪都可发病,主要侵害2~3月龄的仔猪。病猪和康复猪带菌率高,带菌时间长,是主要的传染源。这种猪经常从粪便排出大量病原体,污染饲料、饮水、食槽及猪体,使健康猪通过消化道感染。

【症　状】　潜伏期一般为7~8天。暴发初期常呈急性,疫情缓和时变为亚急性和慢性。主要症状是腹泻。一般先排软粪,逐渐变为混有黏液或带血的稀粪。严重时粪便呈红色糊状,里边有大量黏液、血块和脓块,有的带有很多小气泡和伪膜。病猪腹泻过久,脱水、消瘦,肚腹卷缩,后肢踢腹,起立无力,极度衰弱而死亡。体温一般正常,个别病猪稍高。

【防　治】　自繁自养,不从疫区买猪,是一项非常重要的措施。发病后及时隔离病猪,粪便发酵消毒,猪舍、食槽及用具等也要严密消毒。没有出现症状的猪群,须用药物预防。

治疗药物可用痢菌净,治疗量,每千克体重5毫克,口服,1天2次,连用3~5天;预防量,每吨饲料50克,可连续使用。按每千克饲料内混以土霉素 100～200 毫克,连用 3～5 天,预防量减半。连续多日在每 10 升水中加入泰乐菌素 2 克,接着在每吨干饲料中加入泰乐菌素 115 克,连喂 1 周;然后每吨饲料加 40 克,再喂 3 周。也可用 0.025％二甲硝咪唑饮水,连用 5 日,预防量为 100 克/吨饲料混匀饲喂。但是,各种治疗方法都不能防止复发,最好是第一次发生本病时就采取果断措施,将病猪全部淘汰,并空圈 2～3 个月,消除隐患。

用顶新、诺康和肠安康等 3 种抗菌药治疗,方法与猪白痢治疗相同。

猪水肿病

猪水肿病是由病原性大肠杆菌产生的毒素而引起的疾病。发病率虽低,但病死率却很高。

【症　状】　病猪突然发病,精神沉郁,不食,口流白沫。体温无明显变化,心跳急速。肌肉震颤,抽搐,走路摇晃,一碰即倒,倒地四肢划动,作游泳状,触动时表现敏感。共济失调,四肢无力。水肿是本病的特殊症状,眼睑、头部、颈部水肿,严重时全身水肿,指压水肿部位有压痕。病死率约 90％。

【防　治】

第一,加强仔猪断奶前后的饲养管理,防止饲料单一,补充富含矿物质和维生素的饲料,断奶时不要突然改变饲养条件。

第二,在断奶仔猪的饲料中添加适宜的抗菌药物,如土霉素、新霉素等,每千克体重 5～20 毫克。注意在饲料中补加硒及维生素 K。最新药物,中牧安达药业有限公司生产的 10％氟尔康粉剂,按每千克饲料加入 190 毫克,混匀后喂服,日喂 2 次;预防连喂 1 周。

第三,早期诊断,及早治疗有一定的疗效。中牧安达药业有限公司生产的 10％氟尔康粉剂按每千克加 380 毫克,日喂 2 次,连喂3～5天。据资料报道,口服硫酸钠15克,肌内注射速尿10毫升;或10％氯化钙5毫升,50％葡萄糖50毫升,25％甘露醇30毫升,维生素C注射液4毫升,静脉注射,每天1次。抗菌消炎,单纯水肿病用恩诺沙星、培氟沙星等喹诺酮类和头孢类抗菌药;混合感染呼吸道传染病可选氟苯尼考类制剂;混合感染链球菌和弓形虫时,配合使用长效磺胺类制剂。用水肿克星或水肿康(5毫升/头),2次/日,1～2天,亚硒酸钠维生素E针剂,1～2毫升肌注,2次。

第四,免疫接种预防。仔猪水肿病多价灭活菌苗(辽宁益康产),14～18日龄每头肌内接种2毫升,保护率90％,免疫期约半年。

第五,预防。小猪出生后,吃奶之前,喂给0.1％高锰酸钾溶液2～3毫升,以后隔五天让小猪自饮。产后母猪饲料中喂给500～750毫克金霉素,约占饲料的万分之二。

四、猪的主要寄生虫病

猪肾虫病

猪肾虫幼虫可经口或皮肤进入猪体内,寄生在输尿管壁、肾周围脂肪囊中。呈地方性流行,可造成大批病猪死亡。

【症　状】　患猪消瘦,拱背,皮肤发炎,食欲不振。尿液浑浊,含有黏液和脓块。后肢无力或麻痹,走路摇摆。母猪不发情,或配不上种。公猪性欲降低,失去配种能力。严重时因极度衰弱而死亡。

【防　治】

第一,左旋咪唑,按每千克体重8毫升;亚砜咪唑,按每千克体重5毫升,混饲料喂服。母猪每月喂服1次,连喂3～5次;生长肥育猪隔月 1 次,连喂 2 次。

第二,小猪按每千克体重用四氯化碳 0.1 毫升,加等量液状石蜡肌内注射。

第三,丙硫苯咪唑,按每千克体重 15 毫克,拌料内服,每天 1 次,连用 7 天。

猪弓形虫病

弓形虫病是一种人、兽共患原虫病。弓形虫在猫体内进行有性繁殖,可以从粪便排出感染力很强的卵囊,在其他动物体内只能进行无性增殖,虫体可以出现在全身各种器官和肌肉中。猪吃了被卵囊污染的饲料或者感染了弓形虫病的肉而引起本病。此外,母猪还可以在子宫内使胎儿感染。

【症 状】 感染初期由于增殖型虫体的急剧增殖而出现急性症状,以后随着增殖型虫体的消失而变为慢性。还有不少猪是隐性感染。3～6 月龄以内的猪发生最多,急性者 4～5 天死亡,症状与猪瘟相似。主要症状是发热,体温升高至 40.5℃～42℃,稽留 7～10 天,食欲减退,精神沉郁,嗜睡,后肢无力,行走摇晃,病初便秘,后期腹泻,呼吸困难,病猪的眼、耳、四肢及腹部的皮肤有淤血性紫斑,流鼻汁,有眼眵,咳嗽。

成年猪常呈亚临床感染,怀孕母猪可发生流产或死产。即使产出活猪也会发生急性死亡,或发育不全,不会吃奶,或是畸形怪胎。母猪常在分娩后迅速自愈。有的呈现视网膜炎症甚至失明。

【防 治】

第一,养猪场不要养猫,不要让猫与猪饲料接触。

第二,泔水煮沸后喂猪,防止猪通过泔水感染弓形虫病。

第三,治疗可选用磺胺类药物和乙胺嘧啶(息疟定)。①磺胺-5-甲氧嘧啶(长效磺胺 D)注射液,每天 1 次,每次 2～3 毫升肌内注射,连用 3～5 天。口服首次量每千克体重 0.1 克,维持量每千克体重 0.07 克,每天 1 次。②磺胺-6-甲氧嘧啶(长效磺胺 C)5 份,甲氧苄氨嘧啶(抗菌增效剂)1 份,混匀,按体重每千克每天 40～50 毫克口服,连用 3～5 天。③乙胺嘧啶 5 份,甲氧苄氨嘧啶 1 份,混匀,按每千克体重 40～50 毫克口服,每天 1 次,连用 3～5 天。④对症治疗:对病程长、体质弱者在治疗的同时,补用 25% 的葡萄糖液 200 毫升,维生素 C 注射液 5 毫升,每天 1 次,增加猪只的抗病能力。

猪姜片虫病

姜片虫病是由布氏姜片吸虫寄生于猪的小肠内引起的一种寄生虫病。虫体呈椭圆形片状,肉红色。长 20～75 毫米,宽 8～20 毫米。雌雄同体,虫卵随粪便排出体外,孵出毛蚴,在扁卷螺体内发育后,逸出尾蚴,再附着于水生植物上形成囊蚴,猪吃了带有囊蚴的浮萍、水浮莲、水葫芦等青绿饲料后,即可感染发病。

【症　状】　病猪呈现腹痛、腹泻、食欲减退、消瘦等症状,有时可出现贫血或水肿,严重时,精神委顿,甚至虚脱而死亡。

【防　治】　预防猪姜片虫病,首先要消灭中间宿主扁卷螺,结合积肥每年清理 1 次池塘或河沟里的污泥,在放养水生植物之前,用石灰水或硫酸铜灭螺。其次是加强粪便管理,对人、畜粪便进行生物热处理,杀灭虫卵,以消灭传染源。在流行严重的地区,利用水生饲料喂猪时尽量使用晒干粉碎制成的粉料,或发酵后喂猪。这些都不能办到时,就要煮沸后喂猪。

发现病猪及时治疗:①每千克体重用硫双二氯酚(别丁)60～100 毫克,1 次混入精料中喂服;②六氯对二甲苯(血防 846),每千克体重 200 毫克,内服,有一定的疗效;③敌百虫按每千克体重 80～100 毫克,先用温水溶解后,再混入精料中充分拌匀后喂服;④槟榔 25 克,木香 5 克,煎成浓汁,早晨空腹灌服,连服 2～3 次;⑤槟榔 25 克,雷丸 25 克,贯仲 25 克,甘草 25 克,水煎去渣,空腹灌服。

上述④,⑤两方均为中猪和大猪的用量。因敌百虫气味较大,服用前最好饿1顿或空腹时进行。

猪蛔虫病

猪蛔虫病是一种常见的寄生虫病,3~4月龄的猪最易感染。此病主要是由于猪吃了被蛔虫卵污染的饲料、饮水等而引起的。

【症　状】　猪感染蛔虫病初期,由于幼虫侵害肺脏而发生蛔虫性肺炎。病猪咳嗽,体温升高,呼吸加快,食欲减退,精神沉郁,躺卧不起,呕吐流涎,喘息,表现肺炎症状。当虫体移入小肠时,临床症状并不明显,只发现发育不良,生长停滞,被毛粗乱,磨牙,消瘦等。少数病猪肠管阻塞而呈现腹痛。有时虫体钻入胆管,阻塞胆道,引起腹痛和黄疸。成虫产生的毒素可作用于中枢神经系统,引起神经症状,如阵发性痉挛,兴奋和麻痹,还有可能引起荨麻疹等。

【防　治】

第一,及时打扫猪圈,猪粪充分发酵做无害化处理,以杀死粪便中的虫卵。注意饲料、饮水和饲养用具的清洁卫生,减少蛔虫卵的污染。

第二,针对蛔虫病常发生于3~6月龄猪的特点,发病猪场从仔猪断奶后到7月龄前定期驱虫,是防治本病最可靠的办法。仔猪断奶时进行第一次驱虫,3.5月龄时第二次驱虫,5月龄时第三次驱虫。常用的驱蛔虫药有以下几种。

酒石酸噻嘧啶。对蛔虫有很高的疗效。内服每千克体重22毫克,不仅对蛔虫的成虫有效,而且对趋组织期幼虫、消化道内刚孵化出来的幼虫以及穿透肠壁前的各种感染期的幼虫均有效。不仅可作为蛔虫病的治疗药,而且还可作为预防药。在每吨饲料中添加96克,连续喂猪效果更好。注意忌与其他拟胆碱药、抗胆碱酯酶药(如毒扁豆碱)并用,以免增强毒性。本品的适口性较差,必须注意个别猪因吃得少,影响药物的效果。

甲噻吩嘧啶(保康宁)。比酒石酸噻嘧啶的驱虫作用更强,毒性更小。每千克体重用 5 毫克,对蛔虫就有高度的驱虫活性。猪内服用量为每千克体重 25 毫克。忌与铜、碘制剂配合使用。

左旋咪唑。每千克体重内服 8 毫克,对猪蛔虫的驱虫率接近99%。

苯硫咪唑。不仅对胃肠线虫有高度的驱虫活性,而且对片形吸虫和绦虫也有较好的效果。有人以每千克体重 3 毫克和 5 毫克混饲,连喂 3 天,对猪蛔虫的有效率都达到了 100%。内服用量为每千克体重 5 毫克。

丁苯咪唑。每千克体重用量 20 毫克,对猪蛔虫的驱虫率达100%。内服用量为每千克体重 20～25 毫克。

异丙苯咪唑。对驱除蛔虫的效果最好,每千克体重用量 20～40 毫克,驱虫率可达 100%。对没有成熟的蛔虫虫体的作用也很好,每千克体重用量 20 毫克,对感染 14 天的猪蛔虫驱虫的疗效为99%。

砜苯咪唑。对猪蛔虫的成虫和幼虫有明显的效果。用量每千克体重 4.5 毫克。

丙硫苯咪唑。每千克体重 5 毫克对猪蛔虫的驱虫率接近100%。每千克饲料中加 10～30 毫克,连用 5 天,效果很好。国产品的适口性已有改进,但混饲时仍应注意猪的采食量。内服用量每千克体重 5～10 毫克。

敌百虫。每千克体重内服 50～80 毫克,对蛔虫的成虫和未成熟的虫体灭虫率接近 100%。但畜、禽对敌百虫毒性的安全范围较低,猪每千克体重内服量 65 毫克,有时出现中毒反应。敌百虫忌用碱性水配制。

哌嗪。对猪蛔虫的驱除效果非常好,是传统的驱虫药。我国生产的有枸橼酸哌嗪(驱蛔灵)和磷酸哌嗪。治疗量1次内服或混于饲料中喂服就会收到很好的效果。但对趋组织期幼虫作用有限。一般多在2个月以后再用药1次。内服用量每千克体重每次枸橼酸哌嗪0.3克,或磷酸哌嗪0.2克。

伊维菌素,每千克体重0.3毫克皮下注射,必要时隔周重复注射1次。

中药处方:①使君子15克,槟榔15克,石榴皮15克,水煎服,连服2～3次;②断肠草根25克,滑石25克,研末,10千克以上猪每天5～10克,连服7天。

如果1次驱虫失败,隔2周再驱1次。间隔时间太短,药物的副作用可能影响猪体健康。一种驱虫药只宜重复使用1次,无效时应更换药物。多数药物是麻痹虫体,使虫体失去活力而排出体外。在药物的作用下,有些虫会死去,但有不少虫依然活着,如果没有随粪便及时排出,药性一过就会起死回生。所以,喂药后应保持大便通畅。

猪囊虫病

猪囊虫病又叫猪囊尾蚴病,是由人的有钩绦虫的幼虫引起的疾病。猪囊虫主要寄生在猪的肌肉中。患有囊虫病的猪肉,俗称米猪肉、豆猪肉,必须按规程销毁或做无害化处理。

【症　状】　病猪消瘦,贫血,行走步态僵硬,叫声嘶哑,呼吸困难,发育停滞。囊虫寄生在眼睛时,可引起视力障碍或失明。寄生在脑部,可出现神经症状。严重时也寄生在心、肝、肺等实质性器官。检查活猪的眼睑和舌头,察看或触摸有无囊虫寄生的突出物,有一定的诊断价值。

【防　治】　提倡圈养,把猪圈和厕所分开,防止猪吃人粪,这是预防猪囊虫病的有效措施。治疗可选用以下药物。

第一,吡喹酮,每千克体重用量200毫克,1次口服,治疗猪囊虫病有效；或用吡喹酮每千克体重 50 毫克，加丙硫苯咪唑每千克体重 20 毫克，拌入饲料中，每天喂 1 次，连用 3 天。

第二，氟苯哒唑，每千克体重 8.5～40 毫克口服，每天 1 次，连用 10 天，效果较好。

第三，灭绦灵（氯硝柳胺），用量 3 克，早晨空腹 1 次灌服，2 小时后服硫酸镁 20～30 克作为泻剂。

第四，丙硫苯咪唑，每千克体重 60～65 毫克，以橄榄油或豆油做成 6% 混悬液给猪肌内注射；或按每千克体重 20 毫克口服，隔 48 小时服 1 次，共服 3 次。

猪细颈囊尾蚴病

猪细颈囊尾蚴病是细颈囊尾蚴寄生在猪的大网膜、肝脏或者肠系膜、浆膜等处所引起的疾病。囊体由黄豆大到鸡蛋大不等，囊壁乳白色，里边有透明液体，俗称"水铃铛"。成虫是泡状绦虫，寄生在狗、狼和狐的小肠中，虫卵随粪排出体外。猪吃了被虫卵污染的饲料和饮水时，就会感染细颈囊尾蚴病。

【症　状】　对仔猪的致病力较强。症状依感染数量多少而不同，一般感染时没有明显的症状，但阻碍生长发育，多量寄生时可引起病猪消瘦和黄疸。

【防　治】　不要用有病的猪内脏喂狗，也不要让狗进入猪舍，防止狗粪污染饲料和饮水。对狗应定期驱虫，驱虫药可内服槟榔碱，每千克体重 0.02 克。也可内服吡喹酮，每千克体重内服 10 毫克，连用 14 天，可杀灭多数虫体；每千克体重内服 50 毫克，连用 5 天，灭虫率可达 100%。

猪疥癣

猪疥癣又称猪疥螨病或猪癞，是由疥螨虫引起的皮肤病。以剧烈发痒为主要特征，大、小猪都能感染，主要是由于病猪与健康猪接触传染,也可以通过垫草、用具、场地等传染。

【症　状】　病变常由头部开始,以后蔓延到背、躯干两侧及四肢内侧,严重的可遍及全身。病猪发痒。常在墙壁、栏柱等处擦痒。皮肤上还出现针尖大小的结节,随后形成水疱,水疱破溃后由于液体渗出而结痂。

【防　治】

第一,对新引进的猪要注意检查,发现病猪及时治疗。

第二,病猪舍的圈墙(离地1米高以内)及饲养管理用具,用20%新鲜生石灰乳消毒。病猪用过的垫草应及时清除,保持猪舍干净。

第三,对病猪可选用下列药物治疗。①用0.5%～1%敌百虫水溶液直接涂擦,或用喷雾器喷洒患部。②烟叶或烟梗1份,水20份,混合煮沸1小时,取水擦洗猪体。要防止药水进入眼、鼻。③生石灰4份,硫磺6份,水100份,先将少量水倒入生石灰中,搅拌成稀粥状,然后再倒入硫磺粉混匀,再边加水边搅拌,将混合液煮沸30～40分钟,到液体呈棕红色为止。待凉后,取上清液喷洒患部。小猪使用时稀释1倍。④鲜桃叶500克,煤油250克,鲜桃叶捣烂与煤油混匀涂患部,每天1～2次,一般在2～3天见效。⑤豆油500毫升,食盐50克,经加热,将食盐溶于豆油内,涂擦疥癣处。第一次治疗后5～7天,待虫卵孵化为幼虫时,再进行1次治疗。⑥废机油涂擦患部,每天1次。⑦速灭杀丁、敌杀死等,用水配成0.02%浓度,直接涂擦、喷雾患部,隔2～3天1次,连用2～3次。⑧阿维菌素或伊维菌素按每千克体重300微克,颈部皮下注射,可同时驱猪虱。

五、猪的主要内科病与产科病

猪 便 秘

猪便秘多数是由于喂给的饲料含有过多的粗纤维,或突然变换饲料,饮水不足而引起。另外,也有因母猪妊娠后期或分娩不久肠弛缓和一些热性病、传染病而出现便秘的。

【症　状】　病初食欲减退,饮欲增加,腹围增大,腹痛不安,常表现排粪姿势。每次仅排出少量坚硬的小粪球,粪球上常沾有黏液或血丝。随着病程发展,直肠中充满干硬的粪块,从而压迫膀胱,影响排尿。

【防　治】　供给足够的饮水,多喂青绿多汁饲料,对干硬或含粗纤维多的饲料,应加工粉碎或发酵后再喂。饲喂要定时定量,适当运动。出现便秘,首先应停止喂料,或仅给少量青绿多汁饲料,并喂给大量温水。

对病猪可选用下列方法治疗。

第一,用温肥皂水(45℃左右)或2%小苏打水深部灌肠,使干硬的粪便软化。投药数小时后皮下注射新斯的明2~5毫克,可提高效率。灌肠方法:将灌肠器一端抹点油或用肥皂水泡一下,通过肛门顺肠壁旋转着缓慢地往里插,受到阻力时不要硬插,以免弄伤肠壁。从灌肠器的另一端漏斗中灌入水后,浅部粪便排出,再继续往深处插,继续灌水。每次用温肥皂水1000~2000毫升。

第二,口服泻剂,用植物油50~100毫升,或硫酸镁50~100克,或大黄末50~100克,加入适量的水内服。

第三,用胡麻仁、黄连、大黄、黄芩、焦黄柏、知母、厚朴、枳实、木香、马鞭草各6克,水煎灌服。

第四,芒硝40克,大黄40克,甘草15克,加水煎汁内服。严重时可结合温肥皂水灌肠。

第五，仙人掌 200～500 克，去刺捣烂加适当细面，让猪自食，也可切成细条，撒在栏舍内，让猪自食，每头猪喂量 200～300 克，服用 1～2 次可见效。

第六，生石膏按每千克体重 0.5～1 克，将其打碎研末，混合饲料中喂服，每天 1 次，连用 2～3 次。

第七，母猪产后便秘应及时处理，可利用下列方法治疗：①硫酸钠 60 克（100～150 千克体重），加温开水 1000 毫升灌服。②或大黄苏打片 60～80 片，加温开水 1000 毫升灌服，连用 3 天。③或口服人工盐 50～100 克，连用 3 天。

维生素 A 缺乏症

猪在受限制的条件下，吃单一的饲料，缺乏青饲料，经过一定的时间，就会发生维生素 A 缺乏症。

【症　状】　比较典型的症状是皮肤粗糙，皮屑增多。病猪生长慢，咳嗽，腹泻。严重病例出现干眼，走路摇晃，肌肉痉挛。

【防　治】　按猪的标准需要量在饲料中添加维生素 A，多喂青饲料，以增加维生素 A 原。对病猪肌内注射维生素 A 注射液，用量 10 万单位，隔日 1 次，连用 10 天。平时饲料内添加复合维生素及多维钙片。

猪白肌病

猪缺硒会出现白肌病和营养性肝病，主要发生于 20 日龄以上的仔猪，体重 30～60 千克、生长比较快的猪也多发。本病的发病地区与人群的克山病相一致，我国东北地区比较严重。

【症　状】　病猪不愿走动，有心跳加快、节律不齐等表现。再进一步发展，则出现腿硬拱背，走路摇晃，前腿跪下等症状。最后呼吸困难，心脏衰竭而死。死后尸体皮肤发白，结膜苍白、水肿。

肌肉像水煮过一样,横切面有灰白色坏死灶。肝脏淤血、肿胀、质脆,有的病例有坏死点或出血。

【防　治】　有本病发生的地区,应在饲料中添加亚硒酸钠,按猪需要每千克饲料中含硒 0.15～0.26 毫克的标准补足。硒的需要量乘以 2.19,就是亚硒酸钠的添加量。对病猪可皮下注射 0.1%亚硒酸钠注射液 1～3 毫升,20 天后重复 1 次;或内服亚硒酸钠,效果都好。同时应用维生素 E 注射液,每头仔猪 50～100 毫克,肌内注射,具有一定疗效。

有条件的地方,可饲喂一些含维生素 E 较多的青饲料,如种子的胚芽、优质豆科干草。在缺硒地区,妊娠母猪在产前 15～25 天,肌内注射 0.1%亚硒酸钠注射液 3～5 毫升;仔猪于出生后第二天,肌内注射 0.1%亚硒酸钠注射液 1 毫升。

我国有 14 个省(直辖市)的部分地区或大部地区为缺硒地区,而湖北省恩施地区和陕西省紫阳县的一些地区却是多硒而易引起硒中毒的地区。所以,硒作为微量元素添加剂,使用时应根据地区情况和所用饲料的产地而定。

猪佝偻病(骨软症)

猪的佝偻病(骨软症)主要是缺乏钙、磷以及维生素 D 不足而引起的。在饲喂过程中,如果不注意补充钙和磷,缺少阳光照射,易引起猪体磷、钙代谢紊乱,特别是产仔过多的母猪,容易发生本病。

【症　状】　病猪发育缓慢,不愿起立,行走摇摆,四肢发软。严重时面骨肿大,关节变形,脊背弯曲。母猪患病容易瘫痪。

【防　治】　预防本病要注意调配饲料,经常给猪补充钙和磷。农村钙来源较多,如田螺壳、蚌壳、鸡蛋壳等含钙量都在 30% 以上,多年的陈石灰含钙达 20% 以上,若在饲料中补加以上物质 1.5%～2%,就不会缺钙了。磷的来源可找些骨头焙烤后碾成粉末,或用磷矿石、国产重过磷酸钙、磷酸氢钙,加入占饲料总量的1%,就可避免发病。但必须注意,添加量不宜过多,多了会影响其他矿物质的吸收。要适当运动和多晒太阳,使维生素 D 转化增加,进一步促进钙、磷代谢,多喂青绿饲料,圈舍要保持清洁、干燥、光线充足。

猪佝偻病可选以下方法治疗。

第一,10%葡萄糖注射液 50～100 毫升,或氯化钙注射液50～100 毫升,静注。同时肌内注射维生素 D 1 500～3 000 单位。

第二,维丁胶性钙注射液 4～6 毫升肌内注射,每日 2 次,连用5～7天。

第三,内服骨粉或贝壳粉,每天10～50 克,分 3 次拌入饲料中饲喂。

新生仔猪低血糖病

新生仔猪低血糖症常发生于出生后 1～4 天,往往造成全窝或部分仔猪发生急性死亡。仔猪出生后最初几天因饥饿导致体内储备的糖原耗竭,而引起血糖显著降低的一种营养代谢病。主要原因是仔猪吮乳不足所致。由于母猪在妊娠后期饲养管理不当,母猪产后发生子宫炎、乳房炎而引起缺乳或无乳,造成仔猪饥饿死亡。

【症 状】 病仔猪精神沉郁,皮肤苍白,四肢软弱无力,步态不稳,约有半数以上的仔猪卧地后呈现阵发性神经症状,头部后仰,四肢呈游泳状,有时四肢伸直。眼球凝视,瞳孔散大,但仍有角膜反射,口流白沫,体温常在 37℃ 左右,病状严重时 36℃,心搏微弱,后期卧地不起,呈昏迷死亡。

【防 治】

第一,加强怀孕后期母猪饲养管理,保证在怀孕期内供给胎儿充足的营养,保证产后的乳汁供应,是预防仔猪低血糖的关键。对初生仔猪应注意保温,避免机体受寒,防止饥饿,应定时哺乳并尽早地吃上初乳,如产仔过多,可把部分仔猪寄养给其他母猪,并适当辅以人工哺乳。

第二,注意保温,减少应激,及时解除母猪少乳或无乳的原因。当发现小猪出现低血糖病时,应尽快给其补糖。用5%葡萄糖生理盐水,每头小猪每次注射10毫升,每隔5~6小时腹腔内注射1次,连用2~3天,效果良好。也可用20%葡萄糖液5~10毫升或配制20%的白糖水10~20毫升灌服,每2~3小时1次,连用2~3天。

仔 猪 贫 血

仔猪缺乏铁、铜、钴等微量元素,或者发生蛔虫病等寄生虫病和猪瘟等传染病,都可引起贫血。因为疾病引起的贫血,随着该病的治愈可以得到解决。这里指的是仔猪缺铁性贫血。仔猪生长非常迅速,4周龄就可以增重7倍。仔猪生长如此迅速,体内需要的氧多。氧是由血红蛋白运输的,铁又是血红蛋白的重要组成部分。因此,需要的铁多(每只仔猪每天约需10毫克铁)。仔猪出生后体内只带有50毫克左右的铁。母乳是缺铁的,以母乳为营养来源的仔猪,从初乳中获得的铁是微乎其微的(每天1毫克),只能使用肝脾中贮存的少量铁作为生成血红蛋白之用,计算起来,还不够几天的需要量。因此,这时容易发生缺铁性贫血。仔猪能吃饲料以后,可以从饲料中获得足够的铁,发生贫血的现象就逐渐减少了。室外产仔,仔猪有接触含铁土壤的机会,可以从土壤中得到铁;而在室内产仔,特别是水泥地面或木板地面,就比较容易发病。

【症　状】　病猪精神不振,日渐消瘦,被毛无光,容易疲劳。心跳快而弱,稍加赶动就脉搏增数。皮肤和可视黏膜发白。有的病猪发生水肿,四肢关节变软,因而行走不稳。

【防　治】　预防仔猪缺铁性贫血,关键是给仔猪补铁,生后几小时内给仔猪投服铁的化合物以满足需要。可用硫酸亚铁 2.5 克、硫酸铜 1 克、氯化钴 0.2 克,溶于 1 000 毫升温水中,用纱布滤过,装入瓶中,待猪吃奶时,用干净棉签蘸此液抹在母猪的乳头上,让仔猪吃奶时吸入。也可供仔猪饮用。

铜也是合成血红蛋白所必需的,铜和铁还有协同作用,缺铜则抑制肠道对铁的吸收。所以,仔猪饲料中要有足够的铁和铜。仔猪需要量为:每千克饲料中 140 毫克铁,6 毫克铜,不足时可添加硫酸亚铁和硫酸铜补足。铁元素换算成硫酸亚铁的系数是 4.974,铜元素换算成硫酸铜的系数是 3.927。

用肌内注射的方式补铁。对 3 日龄的仔猪注射右旋糖酐铁钴注射液,每毫升 25 毫克;如果 1 次注射 2 毫升,就需要 4～5 天注射 1 次;如果 1 次注射含 100 毫克铁的制剂,隔 10 天再注射 1 次就可以了,如血多素、富来血铁剂。用这种方式补铁也有缺点。一是由于注射部位吸收不良而降低胴体的质量;二是注射大剂量的铁使仔猪容易受细菌的侵袭。

在母猪的饲料中添加铁、铜等微量元素添加剂,每吨饲料中添加硫酸亚铁和硫酸铜各 100～500 克,一定要研成粉末,均匀地拌入饲料中。

另外,尽早在母猪圈内垫红土,使仔猪接触土壤而摄取铁元素,也可达到预防目的。

猪亚硝酸盐中毒

猪亚硝酸盐中毒,是常见的饲料中毒病。青饲料中的甜菜、小白菜、牛皮菜、萝卜叶、南瓜藤、野菜等,都含有硝酸盐。这些饲料长时间堆放,或蒸煮不透,或盖锅焖煮,由于硝酸还原菌的繁殖和作用,使饲料中的硝酸盐转化为毒性较大的亚硝酸盐。猪吃了这类饲料就会中毒。此外,猪吃了硝酸铵、硝酸钠等化肥,也有可能引起亚硝酸盐中毒。

【症　状】　猪一般在采食后不久突然发病,病初主要表现为神情不安,走路摇摆,转圈,乱撞,口流白沫,呕吐,全身震颤,呼吸困难,鼻盘发绀,耳根、四肢末梢冰凉。严重的很快倒地痉挛,窒息而死,也有拖延 1～2 小时才死的,若拖过 3 小时不死,则有痊愈的可能。

【防　治】　饲料必须清洁、新鲜,堆放在通风的地方,经常翻转,不使其霉烂;不用发热霉烂的菜叶等喂猪。青饲料要鲜喂,切忌蒸煮时加盖焖熟,煮完后不要长时间焖放。

抢救方法如下。

第一,先用冷水浇泼病猪头部,后断尾、剪耳放血,并喂小苏打、白酒(小猪 30～60 毫升,大猪 100～120 毫升)。

第二,按每千克体重 5 毫克美蓝,配成 5% 注射液肌内注射;或用 1% 美蓝注射液,按每千克体重 1 毫升静脉注射。或每千克体重 5 毫克甲苯胺蓝,配成 5% 的注射液静脉、肌内或腹腔注射。无美蓝等药剂时,可喂服泻药或催吐药,并静脉注射 10%～25% 葡萄糖注射液 300～500 毫升,内服或注射大剂量维生素 C(按每千克体重给予 10～20 毫克)。

第三,中毒轻的可灌喂鸡蛋清或醋,或灌 1% 硫酸铜溶液 50 毫升催吐。

第四,据资料,中毒早期用十滴水可救治,其方法是先用消过毒的剪刀剪去中毒猪的一点尾尖,然后将十滴水按大猪 10～15 毫升、小猪 5～10 毫升的剂量加温开水混合喂服,约半小时开始好转。

第五,安钠咖,用于心脏衰弱者,1～5 毫升肌内注射。

猪氢氰酸中毒

高粱嫩叶、玉米幼苗、亚麻叶和亚麻仁饼、木薯、枇杷叶等都可作为猪的饲料。这些饲料含有氰苷,在猪体内水解后迅速生成有剧毒的氢氰酸,猪过食这些饲料便会发生氢氰酸中毒。

【症　状】　食后 1～2 小时发病,起初精神不振,流涎,呕吐,随后腹泻,起卧不安,呼吸困难,心跳加快,结膜充血,四肢发抖,腹部膨胀,肌肉强直痉挛,牙关紧闭,最后倒地而死。

【防　治】　严格限量饲喂含有氰苷的植物,是预防本病的根本措施。对于已发病的猪,应立即抢救,早期用 1∶2 000 高锰酸钾水彻底洗胃,并按每千克体重用 5％～10％硫代硫酸钠注射液 1～2 毫升静脉注射。或用亚硝酸钠 0.1～0.2 克,溶解于 5％葡萄糖溶液中,配成 1％注射液静脉注射。1％美蓝溶液,每千克体重 1 毫升静脉注射。同时剪耳、断尾放血,以减轻毒血症。

猪食盐中毒

食盐喂量过多,或喂过多的酱渣、盐腌物的汁、咸鱼水等含盐量高的饲料,易引起中毒。一般成年猪 1 次吃盐 50 克以上而又缺水时,往往出现中毒症状。1 次吃 100 克以上则可致死。

【症　状】　食盐中毒的猪首先表现饮欲增加,随之呕吐,废食,精神沉郁,视力减退,口腔流出大量泡沫,不停地咀嚼;腹泻,有时便血,并有行走不安、转圈、攀登墙壁、额顶墙角、全身颤抖等神经症状;呼吸急促或困难,体温正常或稍高。严重者呈昏迷状态,最后死亡。

【防　治】　饲喂食盐应适量,并拌匀。一般每天食盐喂量每头大猪控制在 15 克、架子猪 8～10 克、小猪 5～6 克。利用酱渣或盐腌物喂猪时,要根据含盐量的多少,适当与其他饲料混合饲喂。在猪圈内放置清水,以保证猪有足够的饮水。

对中毒病猪,应迅速采取措施抢救:①先用 0.1％～1％单宁酸洗胃,再用硫酸铜 0.5～1 克,或酒石酸锑钾 0.2～2 克,加水配成 200～400 毫升溶液,内服催吐;②静脉或腹腔注入 5％葡萄糖溶液 100～300 毫升;③大量饮清水和糖水;④可用油类泻剂

100～200 毫升,加水适量 1 次内服,禁用盐类泻剂;⑤用 10% 安钠咖注射液 5～10 毫升,或 0.5% 樟脑水注射液 10～20 毫升,皮下或肌内注射,以强心利尿排毒;⑥生石膏 30 克,天花粉 30 克,鲜芦根 50 克,绿豆 50 克,煎汤灌服;⑦甘草 50 克,绿豆 250 克,煎汤灌服。

猪酒糟中毒

酒糟如保管不当,霉败变质,喂猪后可引起中毒。

【症　状】　猪嗜睡,呕吐,吐出泡沫状内容物,腹泻,血尿,全身震颤,衰弱,后肢麻痹,呼吸困难,眼结膜潮红、黄染,发生皮疹、皮炎,皮肤肿胀或坏死。

【防　治】

第一,立即停喂酒糟。

第二,灌服 3% 碳酸氢钠溶液 200～400 毫升。

第三,静脉注射 5% 糖盐水 300～400 毫升,10% 安钠咖注射液 5～10 毫升。

第四,静脉注射碳酸钙注射液 20～40 毫升。

第五,对发生皮炎的猪,用 2% 明矾水或 0.1% 高锰酸钾液冲洗,剧痒时,可用 5% 石灰水冲洗或 3% 石炭酸酒精涂擦。

第六,饲喂新鲜酒糟,比例不得超过日粮 20%(以干物质计)。

第七,不要用酒糟喂怀孕母猪和泌乳母猪,以免造成流产、死胎、弱胎和仔猪腹泻。

第八,1 天内用不完的酒糟,应密封保存或晒干备用。

有机磷农药中毒

常见有机磷农药有敌敌畏、敌百虫、乐果、1605、马拉硫磷等。猪因误食有机磷农药污染的草料而引起中毒。

【症　状】　一般几十分钟到几小时发病,眼结膜呈紫色,口流大量泡沫,呕吐,张口呼吸,腹痛,瞳孔缩小。病猪狂暴不安,冲撞蹦跳,肌肉抽搐痉挛。后期全身麻痹,窒息而死。

【防治】

第一,解磷定、氯磷定,每千克体重 15～30 毫克,加入 5％糖盐水 100 毫升,静脉或腹腔注射。不可与碱性溶液配用。双复磷,每千克体重 0.04～0.06 克,用生理盐水溶解后,可供皮下、肌内或静脉注射。1％硫酸阿托品注射液,5～10 毫升皮下注射。以上 3 种药物应根据猪体的大小与中毒程度酌情增减,注射后要观察瞳孔变化,在第一次注射后 20 分钟,如无明显好转重复注射,直至瞳孔复原,其他症状消失。氯磷定对乐果中毒的效果较差。

第二,灌服 0.05％～0.1％高锰酸钾溶液 500～1 000 毫升,或 3％～5％小苏打溶液 300～500 毫升。敌百虫中毒时,不可服小苏打溶液。

第三,硫酸钠 50～100 克,人工盐 10～50 克,健胃散 5～10 克,混合后加温水灌服。

第四,10％～40％葡萄糖注射液 50～200 毫升静脉注射。每天 1～2 次。

第五,喷过农药的农作物 1 个月内不能给家畜作饲料。

产期瘫痪

产期瘫痪包括产前瘫痪和产后瘫痪。病猪表现为行走不稳,站立困难,直至卧地不起。产前瘫痪是由于怀孕后期的母猪缺乏矿物质、蛋白质、维生素,磷、钙比例失调,以及长期不晒太阳,又缺乏维生素 D 等,或因年老、衰弱、缺乏运动,怀孕后期胎儿迅速增大,后躯负荷增加所致。产后瘫痪主要是分娩过程中遭受损伤,多于分娩后 1～2 天内发生。

【症 状】 产前瘫痪发生于产前数周。病初表现两后肢无力,站立不能持久,常交替踏步,不愿行走,逐渐发展到站立困难。

时间一久,可发生肌肉萎缩,严重者卧地不起。

产后瘫痪发生于产后数天或哺乳开始后 1～2 周内,症状主要为食欲减退或废绝,病初粪干硬而少,以后停止排粪、排尿。精神极度不好,重者呈昏睡状态,长期卧地不能站立。乳汁少,或无乳,有时伏卧,不让仔猪吮乳。病程较长,逐渐消瘦。后肢无力,不能站立。猪一般发生产后瘫痪较多。

【防　治】

第一,日粮中加入 1％石粉或粗制碳酸钙及 1％食盐,或运动场内放一些蚝壳粉或蛋壳粉,让母猪自由采食。

第二,静脉注射 10％氯化钙注射液 20～30 毫升,或 10％葡萄糖酸钙注射液 50～100 毫升(可加入 5％糖盐水 250～500 毫升),每天 1～2 次。或肌内注射维丁胶性钙注射液 10～30 毫升,每天 1 次,连用 3～4 天。

第三,黄芩、六曲、陈皮各 20 克,白术 15 克,甘草 3 克,水煎内服。

第四,老姜、葱头、艾叶各 50 克,醋 500 毫升,煮沸后加入白酒 100 毫升,去渣灌肠。擦摩四肢及腰部。艾灸穴位:百会、滴水、安肾、追风。此方适用于患产后瘫痪的母猪。

第五,为刺激后肢血液循环,每天按摩患肢或涂拭 10％樟脑油精或四三一合剂。

第六,便秘时给予盐类泻剂(硫酸钠或硫酸镁 25～50 克)或用温水灌肠。

第七,根据资料报道,小苏打 40～50 片,胃蛋白酶 20～30 片,研粉装瓶,用时对白酒 100 毫升,食盐 50 克,温水 500 毫升,待食盐溶解后倒入药瓶内摇匀,每次以 10～20 毫升拌入饲料内喂猪。瘫痪轻的 4～5 天即可运动,严重的 7～9 天可运动。

第八,将烤干骨头磨成粉,每餐 15 克拌入饲料中饲喂,或用鸡蛋壳 4 个,骨粉 30 克,掺入热白酒少量,让猪一次吃完。

产后缺乳

母猪年老、消瘦、怀孕后期饲养管理不当,哺乳期饲喂不足,或饲料营养不全面,内分泌失调,母猪患慢性消耗性疾病等,可引起缺乳。

【症　状】　母猪乳房松弛,乳房小,挤不出乳汁或乳汁稀薄如水。母猪不让仔猪吃奶,仔猪咬母猪乳头,母猪长期食欲下降或厌食,身体逐渐消瘦。

【防　治】

第一,主要补给泌乳母猪丰富而易消化的饲料,初产母猪可每天按摩乳房数次。提前给仔猪补料。

第二,鲢鱼 0.5 千克,冬瓜皮 0.25 千克,加水煎服,连服数次。

第三,鳊鱼或生虾 750 克,木瓜 500 克,食醋 1500 毫升。将鳊鱼、木瓜捣烂炒熟,加入食醋煮沸,放入粥内,饲喂数次。

第四,若怀疑由内分泌失调引起,可注射脑垂体后叶素 1～3 毫升(即 10～30 单位)。

第五,蚯蚓催乳验方:将新鲜蚯蚓腹内物质挤出,用水将蚯蚓洗干净,取 250 克左右直接喂猪,一般喂服后 1 昼夜便出现乳汁增加。此法取料容易,不用花钱,使用方便,可以一试(浙江省长兴县畜牧兽医站孙毅方)。

第六,葵花盘 130 克,黄豆 250 克,加水 3 000 毫升,煮 1 小时后去葵花盘,用汤和黄豆喂猪。对营养不良的母猪产后缺乳,疗效确实(引自《中国兽医秘方大全》)。

第七,橘子叶 20 克,柚子叶 20 克,糯米 200 克,蜂蜜 100 克。先将前 3 种物品置锅内炒黄,加水煮成稀饭,再加蜂蜜,内服,1 天 1 剂,连用 2 天。此方治疗母猪缺乳 508 例,治愈 499 例(重庆市武隆县芋荷乡兽医站李俊山方)。

附 录 猪饲养标准(摘要)
(NY/T 65-2004)

附表1 瘦肉型生长肥育猪每千克饲粮养分含量
（自由采食,88%干物质）

体 重 BW,kg	3~8	8~20	20~35	35~60	60~90
平均体重 Average BW, kg	5.5	14.0	27.5	47.5	75.0
日增重 ADG, kg/d	0.24	0.44	0.61	0.69	0.80
采食量 ADFI,kg/d	0.30	0.74	1.43	1.90	2.50
饲料/增重 F/G	1.25	1.59	2.34	2.75	3.13
饲粮消化能含量 DE, MJ/kg (kcal/kg)	14.02(3350)	13.60(3250)	13.39(3200)	13.39(3200)	13.39(3200)
饲粮代谢能含量 ME, MJ/kg (kcal/kg)[b]	13.46(3215)	13.06(3120)	12.86(3070)	12.86(3070)	12.86(3070)
粗蛋白质 CP,%	21.0	19.0	17.8	16.4	14.5
能量蛋白比 DE/CP, kJ/% (kcal/%)	668(160)	716(170)	752(180)	817(195)	923(220)
赖氨酸能量比 Lys/DE, g/MJ(g/Mcal)	1.01(4.24)	0.85(3.56)	0.68(2.83)	0.61(2.56)	0.53(2.19)
氨基酸 amino acids[c],%					
赖氨酸 Lys	1.42	1.16	0.90	0.82	0.70
蛋氨酸 Met	0.40	0.30	0.24	0.22	0.19
蛋氨酸+胱氨酸 Met+Cys	0.81	0.66	0.51	0.48	0.40
苏氨酸 Thr	0.94	0.75	0.58	0.56	0.48
色氨酸 Trp	0.27	0.21	0.16	0.15	0.13
异亮氨酸 Ile	0.79	0.64	0.48	0.46	0.39

续附表 1

体　重 BW,kg	3~8	8~20	20~35	35~60	60~90
氨基酸 amino acids[c] , %					
亮氨酸 Leu	1.42	1.13	0.85	0.78	0.63
精氨酸 Arg	0.56	0.46	0.35	0.30	0.21
缬氨酸 Val	0.98	0.80	0.61	0.57	0.47
组氨酸 His	0.45	0.36	0.28	0.26	0.21
苯丙氨酸 Phe	0.85	0.69	0.52	0.48	0.40
苯丙氨酸+酪氨酸 Phe+Tyr	1.33	1.07	0.82	0.77	0.64
矿物质元素 minerals[d] , %或每千克饲粮含量					
钙 Ca, %	0.88	0.74	0.62	0.55	0.49
总磷 Total P, %	0.74	0.58	0.53	0.48	0.43
非植酸磷 Nonphytate P, %	0.54	0.36	0.25	0.20	0.17
钠 Na, %	0.25	0.15	0.12	0.10	0.10
氯 Cl, %	0.25	0.15	0.10	0.09	0.08
镁 Mg, %	0.04	0.04	0.04	0.04	0.04
钾 K, %	0.30	0.26	0.24	0.21	0.18
铜 Cu, mg	6.00	6.00	4.50	4.00	3.50
碘 I, mg	0.14	0.14	0.14	0.14	0.14
铁 Fe, mg	105	105	70	60	50
锰 Mn, mg	4.00	4.00	3.00	2.00	2.00
硒 Se, mg	0.30	0.30	0.30	0.25	0.25
锌 Zn, mg	110	110	70	60	50
维生素和脂肪酸 vitamins and fatty acid[e] , %或每千克饲粮含量					
维生素 A Vitamin A, U[f]	2200	1800	1500	1400	1300
维生素 D₃ Vitamin D₃, U[g]	220	200	170	160	150
维生素 E Vitamin E, U[h]	16	11	11	11	11

续附表 1

体 重 BW,kg	3～8	8～20	20～35	35～60	60～90
维生素 K Vitamin K, mg	0.50	0.50	0.50	0.50	0.50
硫胺素 Thiamin, mg	1.50	1.00	1.00	1.00	1.00
核黄素 Riboflavin, mg	4.00	3.50	2.50	2.00	2.00
泛酸 Pantothenic acid, mg	12.00	10.00	8.00	7.50	7.00
烟酸 Niacin, mg	20.00	15.00	10.00	8.50	7.50
吡哆醇 Pyridoxine, mg	2.00	1.50	1.00	1.00	1.00
生物素 Biotin, mg	0.08	0.05	0.05	0.05	0.05
叶酸 Folic acid, mg	0.30	0.30	0.30	0.30	0.30
维生素 B_{12} Vitamin B_{12}, μg	20.00	17.50	11.00	8.00	6.00
胆碱 Choline, g	0.60	0.50	0.35	0.30	0.30
亚油酸 Linoleic acid, %	0.10	0.10	0.10	0.10	0.10

注:a 瘦肉率高于 56% 的公母混养猪群(阉公猪和青年母猪各一半)

b 假定代谢能为消化能的 96%

c 3～20kg 猪的赖氨酸百分比是根据试验和经验数据的估测值,其他氨基酸需要量是根据其与赖氨酸的比例(理想蛋白质)的估测值;20～90kg 猪的赖氨酸需要量是结合生长模型、试验数据和经验数据的估测值,其他氨基酸需要量是根据其与赖氨酸的比例(理想蛋白质)的估测值

d 矿物质需要量包括饲料原料中提供的矿物质量;对于发育公猪和后备母猪,钙、总磷和有效磷的需要量应提高 0.05～0.1 个百分点

e 维生素需要量包括饲料原料中提供的维生素量

f 1U 维生素 A=0.344μg 维生素 A 醋酸酯

g 1U 维生素 D_3=0.025μg 胆钙化醇

h 1U 维生素 E=0.67mg D-α-生育酚或 1mg DL-α-生育酚醋酸酯

附　录

附表 2　瘦肉型生长肥育猪每日每头养分需要量

（自由采食，88%干物质）[a]

体　重 BW, kg	3～8	8～20	20～35	35～60	60～90
平均体重 Average BW, kg	5.5	14.0	27.5	47.5	75.0
日增重 ADG, kg/d	0.24	0.44	0.61	0.69	0.80
采食量 ADFI, kg/d	0.30	0.74	1.43	1.90	2.50
饲料/增重 F/G	1.25	1.59	2.34	2.75	3.13
饲粮消化能含量 DE, MJ/d (kcal/d)	4.21(1005)	10.06(2405)	19.15(4575)	25.44(6080)	33.48(8000)
饲粮代谢能含量 ME, MJ/kg (kcal/d)[b]	4.04(965)	9.66(2310)	18.39(4390)	24.43(5835)	32.15(7675)
粗蛋白质 CP, %	63	141	255	312	363
氨基酸 amino acids[c], %					
赖氨酸 Lys	4.3	8.6	12.9	15.6	17.5
蛋氨酸 Met	1.2	2.2	3.4	4.2	4.8
蛋氨酸+胱氨酸 Met+Cys	2.4	4.9	7.3	9.1	10.0
苏氨酸 Thr	2.8	5.6	8.3	10.6	12.0
色氨酸 Trp	0.8	1.6	2.3	2.9	3.3
异亮氨酸 Ile	2.4	4.7	6.7	8.7	9.8
亮氨酸 Leu	4.3	8.4	12.2	14.8	15.8
精氨酸 Arg	1.7	3.4	5.0	5.7	5.5
缬氨酸 Val	2.9	5.9	8.7	10.8	11.8
组氨酸 His	1.4	2.7	4.0	4.9	5.5
苯丙氨酸 Phe	2.6	5.1	7.4	9.1	10.0
苯丙氨酸+酪氨酸 Phe+Tyr	4.0	7.9	11.7	14.6	16.0

续附表 2

体　重 BW,kg	3～8	8～20	20～35	35～60	60～90
矿物质元素 minerals[d],%或每千克饲粮含量					
钙 Ca, %	2.64	5.48	8.87	10.45	12.25
总磷 Total P, %	2.22	4.29	7.58	9.12	10.75
非植酸磷 Nonphytate P, %	1.62	2.66	3.58	3.80	4.25
钠 Na, %	0.75	1.11	1.72	1.90	2.50
氯 Cl, %	0.75	1.11	1.43	1.71	2.00
镁 Mg, %	0.12	0.30	0.57	0.76	1.00
钾 K, %	0.90	1.92	3.43	3.99	4.50
铜 Cu, mg	1.80	4.44	6.44	7.60	8.75
碘 I, mg	0.04	0.10	0.20	0.27	0.35
铁 Fe, mg	31.50	77.70	100.10	114.00	125.00
锰 Mn, mg	1.20	2.96	4.29	3.80	5.00
硒 Se, mg	0.09	0.22	0.43	0.48	0.63
锌 Zn, mg	33.00	81.40	100.10	114.00	125.00
维生素和脂肪酸 vitamins and fatty acide[e],IU、g、mg 或 μg/d					
维生素 A Vitamin A, U[f]	660	1330	2145	2660	3250
维生素 D_3 Vitamin D_3, U[g]	66	148	243	304	375
维生素 E Vitamin E, U[h]	5	8.5	16	21	28
维生素 K Vitamin K, mg	0.15	0.37	0.72	0.95	1.25
硫胺素 Thiamin, mg	0.45	0.74	1.43	1.90	2.50
核黄素 Riboflavin, mg	1.20	2.59	3.58	3.80	5.00
泛酸 Pantothenic acid, mg	3.60	7.40	11.44	14.25	17.50

续附表 2

体 重 BW，kg	3~8	8~20	20~35	35~60	60~90
烟酸 Niacin，mg	6.00	11.10	14.30	16.15	18.75
吡哆醇 Pyridoxine mg	0.60	1.11	1.43	1.90	2.50
生物素 Biotin，mg	0.02	0.04	0.07	0.10	0.13
叶酸 Folic acid，mg	0.09	0.22	0.43	0.57	0.75
维生素 B_{12} Vitamin B_{12}，μg	6.00	12.95	15.73	15.20	15.00
胆碱 Choline，g	0.18	0.37	0.50	0.57	0.75
亚油酸 Linoleic acid，%	0.30	0.74	1.43	1.90	2.50

a 瘦肉率高于 56% 的公母混养猪群（阉公猪和青年母猪各一半）

b 假定代谢能为消化能的 96%

c 3~20kg 猪的赖氨酸每日需要量是用表 1 中的百分率乘以采食量的估测值，其
他氨基酸需要量是根据其与赖氨酸的比例（理想蛋白质）的估测值；20~90kg
猪的赖氨酸需要量是根据生长模型的估测值，其他氨基酸需要量是根据其与赖
氨酸的比例（理想蛋白质）的估测值

d 矿物质需要量包括饲料原料中提供的矿物质量；对于发育公猪和后备母猪，
钙、总磷和有效磷的需要量应提高 0.05~0.1 个百分点

e 维生素需要量包括饲料中提供的维生素量

f 1U 维生素 A＝0.344μg 维生素 A 醋酸酯

g 1U 维生素 D_3＝0.025μg 胆钙化醇

h 1U 维生素 E＝0.67mg D-α-生育酚或 1mg DL-α-生育酚醋酸酯

附表3　瘦肉型妊娠母猪每千克饲粮养分含量　（88%干物质）[a]

妊　娠　期	妊娠前期 Early pregnancy			妊娠后期 Late pregnancy		
配种体重 BW, at mating, kg[b]	120~150	150~180	>180	120~150	150~180	>180
预期窝产仔数 Litter size	10	11	11	10	11	11
采食量 ADFI,kg/d	2.10	2.10	2.00	2.60	2.80	3.00
饲粮消化能含量 DE, MJ/kg (kcal/kg)	12.75(3050)	12.35(2950)	12.15(2950)	12.75(3050)	12.55(3000)	12.55(3000)
饲粮代谢能含量 ME, MJ/kg (kcal/kg)[c]	12.25(2930)	11.85(2830)	11.65(2830)	12.25(2930)	12.05(2880)	12.05(2880)
粗蛋白质 CP,%[d]	13.0	12.0	12.0	14.0	13.0	12.0
能量蛋白比 DE/CP, kJ/% (kcal/%)	981(235)	1029(246)	1013(246)	911(218)	965(231)	1045(250)
赖氨酸能量比 Lys/DE, g/MJ(g/Mcal)	0.42(1.74)	0.40(1.67)	0.38(1.58)	0.42(1.74)	0.41(1.70)	0.38(1.60)
氨基酸 amino acids, %						
赖氨酸 Lys	0.53	0.49	0.46	0.53	0.51	0.48
蛋氨酸 Met	0.14	0.13	0.12	0.14	0.13	0.12
蛋氨酸+胱氨酸 Met+Cys	0.34	0.32	0.31	0.34	0.33	0.32
苏氨酸 Thr	0.40	0.39	0.37	0.40	0.40	0.38
色氨酸 Trp	0.10	0.09	0.09	0.10	0.09	0.09
异亮氨酸 Ile	0.29	0.28	0.26	0.29	0.29	0.27
亮氨酸 Leu	0.45	0.41	0.37	0.45	0.42	0.38
精氨酸 Arg	0.06	0.02	0.00	0.06	0.02	0.00
缬氨酸 Val	0.35	0.32	0.30	0.35	0.33	0.31
组氨酸 His	0.17	0.16	0.15	0.17	0.17	0.16

附　录

续附表 3

妊娠期	妊娠前期 Early pregnancy			妊娠后期 Late pregnancy		
苯丙氨酸 Phe　•	0.29	0.27	0.25	0.29	0.28	0.26
苯丙氨酸＋酪氨酸 Phe＋Tyr	0.49	0.45	0.43	0.49	0.47	0.44
矿物质元素 minerals[e]，%或每千克饲粮含量						
钙 Ca, %	0.68					
总磷 Total P, %	0.54					
非植酸磷 Nonphytate P, %	0.32					
钠 Na, %	0.14					
氯 Cl, %	0.11					
镁 Mg, %	0.04					
钾 K, %	0.18					
铜 Cu, mg	5.0					
碘 I, mg	0.13					
铁 Fe, mg	75.0					
锰 Mn, mg	18.0					
硒 Se, mg	0.14					
锌 Zn, mg	45.0					
维生素和脂肪酸 vitamins and fatty acid，%或每千克饲粮含量[f]						
维生素 A Vitamin A, U[g]	3620					
维生素 D₃ Vitamin D₃, U[h]	180					
维生素 E Vitamin E, U[i]	40					
维生素 K Vitamin K, mg	0.50					
硫胺素 Thiamin, mg	0.90					

续附表 3

妊　娠　期	妊娠前期 Early pregnancy	妊娠后期 Late pregnancy
核黄素 Riboflavin, mg	3.40	
泛酸 Pantothenic acid, mg	11	
烟酸 Niacin, mg	9.05	
吡哆醇 Pyridoxine, mg	0.90	
生物素 Biotin, mg	0.19	
叶酸 Folic acid, mg	1.20	
维生素 B$_{12}$ Vitamin B$_{12}$, μg	14	
胆碱 Choline, g	1.15	
亚油酸 Linoleic acid, %	0.10	

a　消化能、氨基酸是根据国内试验报告、企业经验数据和 NRC(1998)妊娠模型得到的

b　妊娠前期指妊娠前 12 周,妊娠后期指妊娠后 4 周;"120～150kg"阶段适用于初产母猪和因泌乳期消耗过度的经产母猪,"150～180kg"阶段适用于自身尚有生长潜力的经产母猪,"180kg 以上"指达到标准成年体重的经产母猪,其对养分的需要量不随体重增长而变化

c　假定代谢能为消化能的 96%

d　以玉米—豆粕型日粮为基础确定的

e　矿物质需要量包括饲料原料中提供的矿物质

f　维生素需要量包括饲料原料中提供的维生素量

g　1U 维生素 A＝0.344μg 维生素 A 醋酸酯

h　1U 维生素 D$_3$＝0.025μg 胆钙化醇

i　1U 维生素 E＝0.67mg D-α-生育酚或 1mg DL-α-生育酚醋酸酯

附　录

附表 4　瘦肉型泌乳母猪每千克饲粮养分含量

（自由采食,88%干物质）[a]

分娩体重 BW post-farrowing, kg	分娩体重（千克）			
	140~180		180~240	
泌乳期体重变化，kg	0.0	—10.0	—7.5	—15
哺乳窝仔数 Litter size,头	9	9	10	10
采食量 ADFI,kg/d	5.25	4.65	5.65	5.20
饲粮消化能含量 DE, MJ/kg（kcal/kg）	13.80(3300)	13.80(3300)	13.80(3300)	13.80(3300)
饲粮代谢能含量 ME, MJ/kg[b]（kcal/kg）	13.25(3170)	13.25(3170)	13.25(3170)	13.25(3170)
粗蛋白质 CP,%[c]	17.5	18.0	18.0	18.5
能量蛋白比 DE/CP, kJ/%（Mcal/%）	789(189)	767(183)	767(183)	746(178)
赖氨酸能量比 Lys/DE, g/MJ(g/Mcal)	0.64(2.67)	0.67(2.82)	0.66(2.76)	0.68(2.85)
氨基酸 amino acids, %				
赖氨酸 Lys	0.88	0.93	0.91	0.94
蛋氨酸 Met	0.22	0.24	0.23	0.24
蛋氨酸＋胱氨酸 Met＋ Cys	0.42	0.45	0.44	0.45
苏氨酸 Thr	0.56	0.59	0.58	0.60
色氨酸 Trp	0.16	0.17	0.17	0.18
异亮氨酸 Ile	0.49	0.52	0.51	0.53
亮氨酸 Leu	0.95	1.01	0.98	1.02
精氨酸 Arg	0.48	0.48	0.47	0.47
缬氨酸 Val	0.74	0.79	0.77	0.81

附录　猪的营养需要(NY/T 65-2004)

续附表 4

分娩体重 BW post-farrowing, kg	分娩体重（千克）			
	140～180		180～240	
组氨酸 His	0.34	0.36	0.35	0.37
苯丙氨酸 Phe	0.47	0.50	0.48	0.50
苯丙氨酸＋酪氨酸 Phe＋Tyr	0.97	1.03	1.00	1.04
矿物质元素 minerals[d],%或每千克饲粮含量				
钙 Ca, %	0.77			
总磷 Total P, %	0.62			
非植酸磷 Nonphytate P, %	0.36			
钠 Na, %	0.21			
氯 Cl, %	0.16			
镁 Mg, %	0.04			
钾 K, %	0.21			
铜 Cu, mg	5.0			
碘 I, mg	0.14			
铁 Fe, mg	80.0			
锰 Mn, mg	20.5			
硒 Se, mg	0.15			
锌 Zn, mg	51.0			
维生素和脂肪酸 vitamins and fatty acid,%或每千克饲粮含量[e]				
维生素 A Vitamin A, U[f]	2050			
维生素 D₃ Vitamin D₃, U[g]	205			

附　录

续附表 4

分娩体重 BW post-farrowing, kg	分娩体重（千克）	
	140~180	180~240
维生素 E Vitamin E, U[h]	45	
维生素 K Vitamin K, mg	0.5	
硫胺素 Thiamin, mg	1.00	
核黄素 Riboflavin, mg	3.85	
泛　酸 Pantothenic acid, mg	12	
烟酸 Niacin, mg	10.25	
吡哆醇 Pyridoxine, mg	1.00	
生物素 Biotin, mg	0.21	
叶酸 Folic acid, mg	1.35	
维生素 B$_{12}$ Vitamin B$_{12}$, μg	15.0	
胆碱 Choline, g	1.00	
亚油酸 Linoleic acid, %	0.10	

a　由于国内缺乏哺乳母猪的试验数据，消化能和氨基酸是根据国内一些企业的经验数据和 NRC(1998)的泌乳模型得到的

b　假定代谢能为消化能的 96%

c　以玉米—豆粕型日粮为基础确定的

d　矿物质需要量包括饲料原料中提供的矿物质

e　维生素需要量包括饲料原料中提供的维生素量

f　1U 维生素 A＝0.344μg 维生素 A 醋酸酯

g　1U 维生素 D$_3$＝0.025μg 胆钙化醇

h　1U 维生素 E＝0.67mg D-α-生育酚或 1mg DL-α-生育酚醋酸酯

附录 猪的营养需要(NY/T 65-2004)

附表5 配种公猪每千克饲粮养分含量和每日每头养分需要量
(88%干物质)ª

饲粮消化能含量 DE, MJ/kg (kcal/kg)	12.95(3100)	12.95(3100)
饲粮代谢能含量 ME, MJ/kgᵇ(kcal/kg)	12.45(2975)	12.45(975)
消化能摄入量 DE, MJ/kg (kcal/kg)	21.70(6820)	21.70(6820)
代谢能摄入量 ME, MJ/kg(kcal/kg)	20.85(6545)	20.85(6545)
采食量 ADFI, kg/dᶜ	2.2	2.2
粗蛋白质 CP, %ᵈ	13.5	13.50
能量蛋白比 DE/CP, kJ/% (kcal/%)	959(230)	959(230)
赖氨酸能量比 Lys/DE, g/MJ(g/Mcal)	0.42(1.78)	0.42(1.78)

需要量 requirements

	每千克饲粮中含量	每日需要量
氨基酸 amino acids		
赖氨酸 Lys	0.55%	12.1g
蛋氨酸 Met	0.15%	3.31g
蛋氨酸＋胱氨酸 Met+Cys	0.38%	8.4g
苏氨酸 Thr	0.46%	10.1g
色氨酸 Trp	0.11%	2.4g
异亮氨酸 Ile	0.32%	7.0g
亮氨酸 Leu	0.47%	10.3g
精氨酸 Arg	0.00%	0.0g
缬氨酸 Val	0.36%	7.9g
组氨酸 His	0.17%	3.7g

续附表 5

苯丙氨酸 Phe	0.30%	6.6g
苯丙氨酸＋酪氨酸 Phe+Tyr	0.52%	11.4g

矿物质元素 minerals[e]		
钙 Ca	0.70%	15.4g
总磷 Total P	0.55%	12.1g
有效磷 Nonphytate P	0.32%	7.04g
钠 Na	0.14%	3.08g
氯 Cl	0.11%	2.42g
镁 Mg	0.04%	0.88g
钾 K	0.20%	4.40g
铜 Cu	5mg	11.0mg
碘 I	0.15mg	0.33mg
铁 Fe	80mg	176.00mg
锰 Mn	20mg	44.00mg
硒 Se	0.15mg	0.33mg
锌 Zn	75mg	165mg

维生素和脂肪酸 vitamins and fatty acid[f]		
维生素 A Vitamin A[g]	4000U	8800U
维生素 D_3 Vitamin D_3[h]	220U	485U
维生素 E Vitamin E[i]	45U	100U
维生素 K Vitamin K	0.50mg	1.10mg
硫胺素 Thiamin	1.0mg	2.20mg

续附表 5

维生素和脂肪酸 vitamins and fatty acid[f]		
核黄素 Riboflavin	3.5mg	7.70mg
泛酸 Pantothenic acid	12mg	26.4mg
烟酸 Niacin	10mg	22mg
吡哆醇 Pyridoxine	1.0mg	2.20mg
生物素 Biotin	0.20mg	0.44mg
叶酸 Folic acid	1.30mg	2.86mg
维生素 B$_{12}$ Vitamin B$_{12}$	15μg	33μg
胆碱 Choline	1.25g	2.75g
亚油酸 Linoleic acid	0.1%	2.2g

a　需要量的制定以每日采食 2.2kg 饲粮为基础,采食量需根据公猪的体重和期望的增重进行调整

b　假定代谢能为消化能的 96%

c　配种前一个月采食量增加 20%～25%,冬季严寒期采食量增加 10%～20%。

d　以玉米一豆粕型日粮为基础确定的

e　矿物质需要量包括饲料原料中提供的矿物质

f　维生素需要量包括饲料原料中提供的维生素量

g　1U 维生素 A＝0.344μg 维生素 A 醋酸酯

h　1U 维生素 D$_3$＝0.025μg 胆钙化醇

i　1U 维生素 E＝0.67mg D-α-生育酚或 1mg DL-α-生育酚醋酸酯

表 6　猪饲料描述及常规成分

序号	中国饲料号	饲料名称	饲料描述	干物质（%）	粗蛋白质（%）	粗脂肪（%）	粗纤维（%）	无氮浸出物（%）	粗灰分（%）	中性洗涤纤维（%）	酸性洗涤纤维（%）	钙（%）	总磷（%）	非植酸磷（%）
1	4-07-0278	玉米	成熟，高蛋白质，优质	86.0	9.4	3.1	1.2	71.1	1.2	9.4	3.5	0.02	0.27	0.12
2	4-07-0288	玉米	成熟，高赖氨酸，优质	86.0	8.5	5.3	2.6	67.3	1.3	9.4	3.5	0.16	0.25	0.09
3	4-07-0279	玉米	成熟，GB/T 17890-1999,1级	86.0	8.7	3.6	1.6	70.7	1.4	9.3	2.7	0.02	0.27	0.12
4	4-07-0280	玉米	成熟,GB/T 17890-1999,2级	86.0	7.8	3.5	1.6	71.8	1.3	7.9	2.6	0.02	0.27	0.12
5	4-07-0272	高粱	成熟,NY/T 1级	86.0	9.0	3.4	1.4	70.4	1.8	17.4	8.0	0.13	0.36	0.17
6	4-07-0270	小麦	混合小麦,成熟 NY/T 2级	87.0	13.9	1.7	1.9	67.6	1.9	13.3	3.9	0.17	0.41	0.13
7	4-07-0274	大麦（裸）	裸大麦,成熟 NY/T 2级	87.0	13.0	2.1	2.0	67.7	2.2	10.0	2.2	0.04	0.39	0.21
8	4-07-0277	大麦（皮）	皮大麦,成熟 NY/T 1级	87.0	11.0	1.7	4.8	67.1	2.4	18.4	6.8	0.09	0.33	0.17
9	4-07-0281	黑麦	籽粒,进口	88.0	11.0	1.5	2.2	71.5	1.8	12.3	4.6	0.05	0.30	0.11
10	4-07-0273	稻谷	成熟,晒干 NY/T 2级	86.0	7.8	1.6	8.2	63.8	4.6	27.4	28.7	0.03	0.36	0.20

续表 6

序号	中国饲料号	饲料名称	饲料描述	干物质(%)	粗蛋白质(%)	粗脂肪(%)	粗纤维(%)	无氮浸出物(%)	粗灰分(%)	中性洗涤纤维(%)	酸性洗涤纤维(%)	钙(%)	总磷(%)	非植酸磷(%)
11	4-07-0276	糙米	良,成熟,除去外壳的整粒大米	87.0	8.8	2.0	0.7	74.2	1.3	1.6	0.8	0.03	0.35	0.15
12	4-07-0275	碎米	良,加工精米后的副产品	88.0	10.4	2.2	1.1	72.7	1.6	0.8	0.6	0.06	0.35	0.15
13	4-07-0479	粟(谷子)	合格,带壳,成熟	86.5	9.7	2.3	6.8	65.0	2.7	15.2	13.3	0.12	0.3	0.11
14	4-04-0067	木薯干	木薯干片,晒干 NY/T合格	87.0	2.5	0.7	2.5	79.4	1.9	8.4	6.4	0.27	0.09	0.07
15	4-04-0068	甘薯干	甘薯干片,晒干 NY/T合格	87.0	4.0	0.8	2.8	76.4	3.0	8.1	4.1	0.19	0.02	0.02
16	4-08-0104	次粉	黑面,黄粉,下面 NY/T1级	88.0	15.4	2.2	1.5	67.1	1.5	18.7	4.3	0.08	0.48	0.14
17	4-08-0105	次粉	黑面,黄粉,下面 NY/T2级	87.0	13.6	2.1	2.8	66.7	1.8	31.9	10.5	0.08	0.48	0.14
18	4-08-0069	小麦麸	传统制粉工艺 NY/T1级	87.0	15.7	3.9	8.9	53.6	4.9	42.1	13.0	0.11	0.92	0.24
19	4-08-0070	小麦麸	传统制粉工艺 NY/T2级	87.0	14.3	4.0	6.8	57.1	4.8	41.3	11.9	0.10	0.93	0.24

续表6

序号	中国饲料号	饲料名称	饲料描述	干物质 (%)	粗蛋白质 (%)	粗脂肪 (%)	粗纤维 (%)	无氮浸出物 (%)	粗灰分 (%)	中性洗涤纤维 (%)	酸性洗涤纤维 (%)	钙 (%)	总磷 (%)	非植酸磷 (%)
20	4-08-0041	米糠	新鲜,不脱脂 NY/T 2级	87.0	12.8	16.5	5.7	44.5	7.5	22.9	13.4	0.07	1.43	0.10
21	4-10-0025	米糠饼	未脱脂,机榨 NY/T 1级	88.0	14.7	9.0	7.4	48.2	8.7	27.7	11.6	0.14	1.69	0.22
22	4-10-0018	米糠粕	浸提或预压浸提,NY/T 1级	87.0	15.1	2.0	7.5	53.6	8.8	23.3	10.9	0.15	1.82	0.24
23	5-09-0127	大豆	黄大豆,成熟 NY/T 2级	87.0	35.5	17.3	4.3	25.7	4.2	7.9	7.3	0.27	0.48	0.30
24	5-09-0128	全脂大豆	湿法膨化,生大豆为 NY/T 2级	88.0	35.5	18.7	4.6	25.2	4.0	11.0	6.4	0.32	0.40	0.25
25	5-10-0241	大豆饼	机榨 NY/T2级	89.0	41.8	5.8	4.8	30.7	5.9	18.1	15.5	0.31	0.50	0.25
26	5-10-0103	大豆粕	去皮,浸提或预压浸提 NY/T 1级	89.0	47.9	1.0	4.0	31.2	4.9	8.8	5.3	0.34	0.65	0.19
27	5-10-0102	大豆粕	浸提或预压浸提 NY/T 2级	89.0	44.2	1.9	5.2	31.8	6.1	13.6	9.6	0.33	0.62	0.18
28	5-10-0118	棉籽饼	机榨 NY/T 2级	88.0	36.3	7.4	12.5	26.1	5.7	32.1	22.9	0.21	0.83	0.28

续表 6

序号	中国饲料号	饲料名称	饲料描述	干物质(%)	粗蛋白质(%)	粗脂肪(%)	粗纤维(%)	无氮浸出物(%)	粗灰分(%)	中性洗涤纤维(%)	酸性洗涤纤维(%)	钙(%)	总磷(%)	非植酸磷(%)
29	5-10-0119	棉籽粕	浸提或预压浸提 NY/T 1级	90.0	47.0	0.5	10.2	26.3	6.0	22.5	15.3	0.25	1.10	0.38
30	5-10-0117	棉籽粕	浸提或预压浸提 NY/T 2级	90.0	43.5	0.5	10.5	28.9	6.6	28.4	19.4	0.28	1.04	0.36
31	5-10-0220	棉籽蛋白	脱酚,低温一次浸出,分步萃取	92.0	51.1	1.0	6.9	27.3	5.7	20.0	13.7	0.29	0.89	0.29
32	5-10-0183	菜籽饼	机榨 NY/T 2级	88.0	35.7	7.4	11.4	26.3	7.2	33.3	26.0	0.59	0.96	0.33
33	5-10-0121	菜籽粕	浸提或预压浸提 NY/T 2级	88.0	38.6	1.4	11.8	28.9	7.3	20.7	16.8	0.65	1.02	0.35
34	5-10-0116	花生仁饼	机榨 NY/T 2级	88.0	44.7	7.2	5.9	25.1	5.1	14.0	8.7	0.25	0.53	0.31
35	5-10-0115	花生仁粕	浸提或预压浸提 NY/T 2级	88.0	47.8	1.4	6.2	27.2	5.4	15.5	11.7	0.27	0.56	0.33
36	1-10-0031	向日葵仁饼	壳仁比 35:65 NY/T 3级	88.0	29.0	2.9	20.4	31.0	4.7	41.4	29.6	0.24	0.87	0.13
37	5-10-0242	向日葵仁粕	壳仁比 16:84 NY/T 2级	88.0	36.5	1.0	10.5	34.4	5.6	14.9	13.6	0.27	1.13	0.17

续表 6

序号	中国饲料号	饲料名称	饲料描述	干物质(%)	粗蛋白质(%)	粗脂肪(%)	粗纤维(%)	无氮浸出物(%)	粗灰分(%)	中性洗涤纤维(%)	酸性洗涤纤维(%)	钙(%)	总磷(%)	非植酸磷(%)
38	5-10-0243	向日葵仁粕	壳仁比 24:76 NY/T 2级	88.0	33.6	1.0	14.8	38.8	5.3	32.8	23.5	0.26	1.03	0.16
39	5-10-0119	亚麻仁饼	机榨 NY/T 2级	88.0	32.2	7.8	7.8	34	6.2	29.7	27.1	0.39	0.88	0.38
40	5-10-0120	亚麻仁粕	浸提或预压浸提 NY/T 2级	88.0	34.8	1.8	8.2	36.6	6.6	21.6	14.4	0.42	0.95	0.42
41	5-10-0246	芝麻饼	机榨,CP 40%	92.0	39.2	10.3	7.2	24.9	10.4	18.0	13.2	2.24	1.19	0.22
42	5-11-0001	玉米蛋白粉	玉米去胚芽、淀粉后的面筋部分 CP60%	90.1	63.5	5.4	1.0	19.2	1.0	8.7	4.6	0.07	0.44	0.17
43	5-11-0002	玉米蛋白粉	同上,中等蛋白质产品,CP 50%	91.2	51.3	7.8	2.1	28.0	2.0	10.1	7.5	0.06	0.42	0.16
44	5-11-0008	玉米蛋白粉	同上,中等蛋白质产品,CP 40%	89.9	44.3	6.0	1.6	37.1	0.9	29.1	8.2	0.12	0.50	0.18
45	5-11-0003	玉米蛋白饲料	玉米去胚芽、淀粉后的含皮残渣	88.0	19.3	7.5	7.8	48.0	5.4	33.6	10.5	0.15	0.70	0.25
46	4-10-0026	玉米胚芽饼	玉米湿磨后的胚芽,机榨	90.0	16.7	9.6	6.3	50.8	6.6	28.5	7.4	0.04	1.45	0.36

续表 6

序号	中国饲料号	饲料名称	饲料描述	干物质(%)	粗蛋白质(%)	粗脂肪(%)	粗纤维(%)	无氮浸出物(%)	粗灰分(%)	中性洗涤纤维(%)	酸性洗涤纤维(%)	钙(%)	总磷(%)	非植酸磷(%)
47	4-10-0244	玉米胚芽粕	玉米湿磨后的胚芽,浸提	90.0	20.8	2.0	6.5	54.8	5.9	38.2	10.7	0.06	1.23	0.31
48	5-11-0007	玉米酒糟蛋白	玉米酒糟糟及可溶物,脱水	90.0	28.3	13.7	7.1	36.8	4.1	38.7	15.3	0.20	0.74	0.42
49	5-11-0009	蚕豆粉浆蛋白粉	蚕豆去皮制粉丝后的浆液,脱水	88.0	66.3	4.7	4.1	10.3	2.6	13.7	9.7	—	0.59	—
50	5-11-0004	麦芽根	大麦芽副产品,干燥	89.7	28.3	1.4	12.5	41.4	6.1	40.0	15.1	0.22	0.73	0.17
51	5-13-0044	鱼粉(CP 64.5%)	7样平均值	90.0	64.5	5.6	0.5	8.0	11.4	—	—	3.81	2.83	2.83
52	5-13-0045	鱼粉(CP 62.5%)	8样平均值	90.0	62.5	4.0	0.5	10.0	12.3	—	—	3.96	3.05	3.05
53	5-13-0046	鱼粉(CP 60.2%)	沿海产的海鱼粉,脱脂,12样平均值	90.0	60.2	4.9	0.5	11.6	12.8	—	—	4.04	2.90	2.90
54	5-13-0077	鱼粉(CP 53.5%)	沿海产的海鱼粉,脱脂,11样平均值	90.0	53.5	10.0	0.8	4.9	20.8	—	—	5.88	3.20	3.20

续表 6

序号	中国饲料号	饲料名称	饲料描述	干物质(%)	粗蛋白质(%)	粗脂肪(%)	粗纤维(%)	无氮浸出物(%)	粗灰分(%)	中性洗涤纤维(%)	酸性洗涤纤维(%)	钙(%)	总磷(%)	非植酸磷(%)
55	5-13-0036	血粉	鲜猪血,喷雾干燥	88.0	82.8	0.4	0	1.6	3.2	—	—		0.31	0.31
56	5-13-0037	羽毛粉	纯净羽毛,水解	88.0	77.9	2.2	0.7	1.4	5.8	—	—	0.20	0.68	0.68
57	5-13-0038	皮革粉	废牛皮,水解	88.0	74.7	0.8	1.6	0	10.9	—	—	4.40	0.15	0.15
58	5-13-0047	肉骨粉	屠宰下脚,带骨干燥粉碎	93.0	50.0	8.5	2.8	0	31.7	32.5	5.6	9.20	4.70	4.70
59	5-13-0048	肉粉	脱脂	94.0	54.0	12.0	1.4	4.3	22.3	31.6	8.3	7.69	3.88	—
60	1-05-0074	苜蓿草粉(CP 19%)	一茬盛花期烘干 NY/T1级	87.0	19.1	2.3	22.7	35.3	7.6	36.7	25.0	1.40	0.51	0.51
61	1-05-0075	苜蓿草粉(CP 17%)	一茬盛花期烘干 NY/T2级	87.0	17.2	2.6	25.6	33.3	8.3	39.0	28.6	1.52	0.22	0.22
62	1-05-0076	苜蓿草粉(CP 14%~15%)	NY/T 3级	87.0	14.3	2.1	29.8	33.8	10.1	36.8	2.9	1.34	0.19	0.19
63	5-11-0005	啤酒糟	大麦酿造产品	88.0	24.3	5.3	13.4	40.8	4.2	39.4	24.6	0.32	0.42	0.14
64	7-15-0001	啤酒酵母	啤酒酵母菌粉,QB/T1940-94	91.7	52.4	0.4	0.6	33.6	4.7	6.1	1.8	0.16	1.02	—

续表6

序号	中国饲料号	饲料名称	饲料描述	干物质(%)	粗蛋白质(%)	粗脂肪(%)	粗纤维(%)	无氮浸出物(%)	粗灰分(%)	中性洗涤纤维(%)	酸性洗涤纤维(%)	钙(%)	总磷(%)	非植酸磷(%)
65	4-13-0075	乳清粉	乳清,脱水,低乳糖含量	94.0	12.0	0.7	0	71.6	9.7	—	—	0.87	0.79	0.79
66	5-01-0162	酪蛋白	脱水	91.0	88.7	0.8	0	2.4	3.6	—	—	0.63	1.01	0.82
67	5-14-0503	明胶	食用	90.0	88.6	0.5	0	0.59	0.31	—	—	0.49	0	0
68	4-06-0076	牛奶乳糖	进口,含乳糖80%以上	96.0	4.0	0.5	0	83.5	8.0	—	—	0.52	0.62	0.62
69	4-06-0077	乳糖	食用	96.0	0.3	—	—	95.7	0	—	—	—	—	—
70	4-06-0078	葡萄糖	食用	90.0	0.3	—	—	89.7	0	—	—	—	—	—
71	4-06-0079	蔗糖	食用	99.0	0.0	—	—	98.5	0.5	—	—	0.04	0.01	0.01
72	4-02-0889	玉米淀粉		99.0	0.3	0.2	0	98.5	0	0	—	0.00	0.03	0.01
73	4-17-0001	牛脂		100.0	0	≥99	0	0	0	0	0	0	0	0
74	4-17-0002	猪油		100.0	0	≥99	0	0	0	0	0	0	0	0
75	4-17-0003	家禽脂肪		100.0	0	≥99	0	0	0	0	0	0	0	0
76	4-17-0004	鱼油		100.0	0	≥99	0	0	0	0	0	0	0	0
77	4-17-0005	菜籽油		100.0	0	≥99	0	0	0	0	0	0	0	0

续表 6

序号	中国饲料号	饲料名称	饲料描述	干物质(%)	粗蛋白质(%)	粗脂肪(%)	粗纤维(%)	无氮浸出物(%)	粗灰分(%)	中性洗涤纤维(%)	酸性洗涤纤维(%)	钙(%)	总磷(%)	非植酸磷(%)
78	4-17-0006	椰子油		100.0	0	≧99	0	0	0	0	0	0	0	0
79	4-07-0007	玉米油		100.0	0	≧99	0	0	0	0	0	0	0	0
80	4-17-0008	棉籽油		100.0	0	≧99	0	0	0	0	0	0	0	0
81	4-17-0009	棕榈油		100.0	0	≧99	0	0	0	0	0	0	0	0
82	4-17-0010	花生油		100.0	0	≧99	0	0	0	0	0	0	0	0
83	4-17-0011	芝麻油		100.0	0	≧99	0	0	0	0	0	0	0	0
84	4-17-0012	大豆油	粗制	100.0	0	≧99	0	0	0	0	0	0	0	0
85	4-17-0013	葵花油		100.0	0	≧99	0	0	0	0	0	0	0	0

注：一表示数据不详

附表 7　常量矿物质饲料中矿物元素的含量　(以饲喂状态为基础)

序	中国料号	饲料名称	化学分子式	钙(%)	磷(%)	磷利用率(%)	钠(%)	氯(%)	钾(%)	镁(%)	硫(%)	铁(%)	锰(%)
01	6-14-0001	碳酸钙,饲料级轻质	$CaCO_3$	38.42	0.02	—	0.08	0.02	0.08	1.61	0.08	0.06	0.02
02	6-14-0002	磷酸氢钙,无水	$CaHPO_4$	29.60	22.77	95～100	0.18	0.47	0.15	0.80	0.80	0.79	0.14
03	6-14-0003	磷酸氢钙,2 个结晶水	$CaHPO_4 \cdot 2H_2O$	23.29	18.00	95～100	—	—	—	—	—	—	—
04	6-14-0004	磷酸二氢钙	$Ca(H_2PO_4)_2 \cdot H_2O$	15.90	24.58	100	0.20	—	0.16	0.90	0.80	0.75	0.01
05	6-14-0005	磷酸三钙(磷酸钙)	$Ca_3(PO_4)_2$	38.76	20.0	—	—	—	—	—	—	—	—
06	6-14-0006	石粉、石灰石,方解石等		35.84	0.01	—	0.06	0.02	0.11	2.06	0.04	0.35	0.02
07	6-14-0007	骨粉,脱脂		29.80	12.50	80～90	0.04	—	0.20	0.30	2.40	—	0.03
08	6-14-0008	贝壳粉		32～35									
09	6-14-0009	蛋壳粉		30～40	0.1～0.4								
10	6-14-0010	磷酸氢铵	$(NH_4)_2HPO_4$	0.35	23.48	100	0.20	—	0.16	0.75	1.50	0.41	0.01
11	6-14-0011	磷酸二氢铵	$(NH_4)H_2PO_4$	—	26.93	100	—	—	—	—	—	—	—
12	6-14-0012	磷酸氢二钠	Na_2HPO_4	0.09	21.82	100	31.04	—	0.01	0.01	—	—	—
13	6-14-0013	磷酸二氢钠	NaH_2PO_4	—	25.81	100	19.17	0.02	0.01	0.01	—	—	—

续表 7

序	中国料号	饲料名称	化学分子式	钙 (%)	磷 (%)	磷利用率 (%)	钠 (%)	氯 (%)	钾 (%)	镁 (%)	硫 (%)	铁 (%)	锰 (%)
14	6-14-0014	碳酸钠	Na_2CO_3	—	—	—	43.30	—	—	—	—	—	—
15	6-14-0015	碳酸氢钠	$NaHCO_3$	0.01	—	—	27.00	—	0.01	—	—	—	—
16	6-14-0016	氯化钠	$NaCl$	0.30	—	—	39.50	59.00	—	0.005	0.20	0.01	—
17	6-14-0017	氯化镁,6个结晶水	$MgCl_2 \cdot 6H_2O$	—	—	—	—	—	—	11.95	—	—	—
18	6-14-0018	碳酸镁	$MgCO_3$	0.02	—	—	—	—	—	34.00	—	—	0.01
19	6-14-0019	氧化镁	MgO	1.69	—	—	—	—	0.02	55.00	0.10	1.06	—
20	6-14-0020	硫酸镁,7个结晶水	$MgSO_4 \cdot 7H_2O$	0.02	—	—	—	0.01	—	9.86	13.01	—	—
21	6-14-0021	氯化钾	KCl	0.05	—	—	1.00	47.56	52.44	0.23	0.32	0.06	0.001
22	6-14-0022	硫酸钾	K_2SO_4	0.15	—	—	0.09	1.50	44.87	0.60	18.40	0.07	0.001

说明：a. 数据来源于《中国饲料学》(2000,张子仪主编)及《猪营养需要》(NRC,1998)中相关数据

b. 饲料中使用的矿物质添加剂一般不是化学纯化合物,其组成成分的变异较大。一般应采用原料供给商的分析结果

c. "—"表示数据不详

d. 在大多数来源于《中国饲料学》(2000,张子仪主编)的磷酸氢钙、磷酸二氢钙、磷酸三钙、脱氟磷酸钙、碳酸钙、碳酸钙和方解石石粉中,估计钙的生物学利用率为90%～100%。在高镁含量的磷酸氢钙或磷酸氢钠或磷酸氢钠石粉中,钙的生物学效价低,为50%～80%

e. 生物学效价估计值通常以相当于磷酸氢钠中的磷的生物学效价表示

f. 大多数方解石石粉中含有38%或高于38%的钙和低于表中所示的镁

附表8 无机来源的微量元素和估测的生物学利用率

微量元素与来源		化学分子式	元素含量 (%)	相对生物学 利用率(%)
铁 Fe	一水硫酸亚铁 ferrous sulphate(H₂O)	$FeSO_4 \cdot H_2O$	30.0	100
	七水硫酸亚铁 ferrous sulphate(7H₂O)	$FeSO_4 \cdot 7H_2O$	20.0	100
	碳酸亚铁 ferrous carbonate	$FeCO_3$	38.0	15~80
	三氧化二铁 ferric oxide	Fe_2O_3	69.9	0
	六水氯化铁 ferric chloride(6H₂O)	$FeCl_3 \cdot 6H_2O$	20.7	40~100
	氧化亚铁 ferrous oxide	FeO	77.8	—
铜 Cu	五水硫酸铜 copper sulphate(5H₂O)	$CuSO_4 \cdot 5H_2O$	25.2	100
	氯化铜 copper chloride	$Cu_2(OH)_3Cl$	58.0	100
	氧化铜 copper oxide	CuO	75.0	0~10
	一水碳酸铜 copper carbonate(H₂O)	$CuCO_3 \cdot Cu(OH)_2 \cdot H_2O$	50.0~55.0	60~100
	无水硫酸铜 copper sulphate	$CuSO_4$	39.9	100
锰 Mn	一水硫酸锰 manganese sulphate(H₂O)	$MnSO_4 \cdot H_2O$	29.5	100
	氧化锰 manganese oxide	MnO	60.0	70
	二氧化锰 manganese dioxide	MnO_2	63.1	35~95
	碳酸锰 manganese carbonate	$MnCO_3$	46.4	30~100
	四水氯化锰 manganese chloride(4H₂O)	$MnCl_2 \cdot 4H_2O$	27.5	100

续附表 8

微量元素与来源		化学分子式	元素含量（%）	相对生物学利用率（%）
锌 Zn	一水硫酸锌 zinc sulphate(H₂O)	$ZnSO_4 \cdot H_2O$	35.5	100
	氧化锌 zinc oxide	ZnO	72.0	50～80
	七水硫酸锌 zinc sulphate(7H₂O)	$ZnSO_4 \cdot 7H_2O$	22.3	100
	碳酸锌 zinc carbonate	$ZnCO_3$	56.0	100
	氯化锌 zinc chloride	$ZnCl_2$	48.0	100
碘 I	乙二胺双氢碘化物（EDDI）	$C_2H_8N_2 2HI$	79.5	100
	碘酸钙 calcium iodide	$Ca(IO_3)_2$	63.5	100
	碘化钾 potassium iodide	KI	68.8	100
	碘酸钾 potassium iodate	KIO_3	59.3	—
	碘化铜 copper iodide	CuI	66.6	100
硒 Se	亚硒酸钠 sodium selenite	Na_2SeO_3	45.0	100
	十水硒酸钠 sodium selenate(10H₂O)	$Na_2SeO_4 \cdot 10H_2O$	21.4	100
钴 Co	六水氯化钴 cobalt chloride(6H₂O)	$CoCl_2 \cdot 6H_2O$	24.3	100
	七水硫酸钴 cobalt sulphate(7H₂O)	$CoSO_4 \cdot 7H_2O$	21.0	100
	一水硫酸钴 cobalt sulphate(H₂O)	$CoSO_4 \cdot H_2O$	34.1	100
	一水氯化钴 cobalt chloride(H₂O)	$CoCl_2 \cdot H_2O$	39.9	100

说明：a. 表中数据来源于《中国饲料学》（2000，张子仪主编）及《猪营养需要》（NRC，1998）中相关数据

　b. 表中"—"表示无有效的数值

# 参考文献

[1]　郭万正．规模养猪实用技术[M]．金盾出版社,2010.

[2]　王克健,滚双宝．猪饲料科学配制与应用(第2版)[M].金盾出版社,2010.

[3]　王春璈．猪病诊断与防治原色图谱(第2版)[M].金盾出版社,2010.

[4]　万遂如．当前我国猪传染病流行新特点与防控技术[J].中国养殖技术网,2011.7.

[5]　郭艳丽,王克健．怎样应用猪饲养标准与常用饲料成分表[M].金盾出版社,2009.6.

金盾版图书,科学实用,
通俗易懂,物美价廉,欢迎选购

畜禽营养与饲料	19.00	饲料作物良种引种指导	6.00
畜牧饲养机械使用与维修	18.00	实用高效种草养畜技术	10.00
家禽孵化与雏禽雌雄鉴别		猪饲料科学配制与应用	
(第二次修订版)	30.00	(第2版)	17.00
中小饲料厂生产加工配套		猪饲料添加剂安全使用	13.00
技术	8.00	猪饲料配方700例(修订	
青贮饲料的调制与利用	6.00	版)	12.00
青贮饲料加工与应用技术	7.00	怎样应用猪饲养标准与常	
饲料青贮技术	5.00	用饲料成分表	14.00
饲料贮藏技术	15.00	猪人工授精技术100题	6.00
青贮专用玉米高产栽培		猪人工授精技术图解	16.00
与青贮技术	6.00	猪标准化生产技术	9.00
农作物秸秆饲料加工与		快速养猪法(第四次修订版)	9.00
应用(修订版)	14.00	科学养猪(修订版)	14.00
秸秆饲料加工与应用技术	5.00	科学养猪指南(修订版)	39.00
菌糠饲料生产及使用技术	7.00	现代中国养猪	98.00
农作物秸秆饲料微贮技术	7.00	家庭科学养猪(修订版)	7.50
配合饲料质量控制与鉴别	14.00	简明科学养猪手册	9.00
常用饲料原料质量简易鉴		猪良种引种指导	9.00
别	14.00	种猪选育利用与饲养管理	11.00
饲料添加剂的配制及应用	10.00	怎样提高养猪效益	11.00
中草药饲料添加剂的配制		图说高效养猪关键技术	18.00
与应用	14.00	怎样提高中小型猪场效益	15.00
饲料作物栽培与利用	11.00	规模养猪实用技术	22.00

以上图书由全国各地新华书店经销。凡向本社邮购图书或音像制品,可通过邮局汇款,在汇单"附言"栏填写所购书目,邮购图书均可享受9折优惠。购书30元(按打折后实款计算)以上的免收邮挂费,购书不足30元的按邮局资费标准收取3元挂号费,邮寄费由我社承担。邮购地址:北京市丰台区晓月中路29号,邮政编码:100072,联系人:金友,电话:(010)83210681、83210682、83219215、83219217(传真)。